フランスワイン
愉しいライバル物語

山本 博

文春新書

090

まえがき

ワインはむずかしい、ということがしばしばいわれる。これには二つの意味がある。

ひとつは、ワインを保存したり、サーヴィスするときには、いろいろしなければいけない面倒なことがあるという点である。確かに、極上ワインは、きちんとした取り扱いをしてやらないと、そのすばらしさを発揮してくれない。しかし、面倒な手順を踏まなければならないのは、本当の高級ワインにかぎっての話で、ふつうのワインはそう気にすることはない。むずかしい話は気にしないで、気軽に飲んでやればいい。もっとも丁寧に扱ってやったほうがいいのは、なにも高級ワインにかぎらない。

もうひとつのむずかしさは、ワインには種類が多いということである。ワインが他のアルコール類と違うのはまさにこの点なので、これがワインのワインたる所以だから、これだけはどうにもならない。生の果物である葡萄から造るワインは、その原料である葡萄に大きく影響される。葡萄には種類があるし、出生地の気象や土質、当たり年とはずれ年、醸造方法の違いや、その上手下手によって、違ったワインが生まれてくる。フランスだけにかぎっても「村が違えば、ワインも違う」といわれるほど、多種多様のワインがある。ワイン大国のイタリアやスペインにもそれこそ無数のワインがあるし、それに現在ではカリフォルニア、オーストラリア、チリなどが仲間入りをしている。

しかし、短所は同時に長所でもあるわけで、いろいろなワインを飲み比べて、その違いを楽しむというのも、ワインの歓びのひとつなのである。違ったものを知るというスリルがワインという飲みものの基本なのだ。ワインというものはそういうものだという認識をもって頭を切り換えることが必要なのである。

「星の数ほどもある」といわれるワインについて、その全部を極めるということは、もともとできない相談である。ワインのプロにしてもそんなことはできない。しかし数多いワインのなかから、良いもの悪いもの、好きなもの嫌いなものを自分なりに取捨選択してゆかねばならない。

まずはむずかしいことを考えずに、手に入るものから飲んでいって、次第にレパートリーを増やしていったらいい。あるとき飲んだワインがおいしかったら、そのラベルを見て名前を覚えておく。そしてそのワインをまた飲んでみて、前の印象と違っていなかったかどうかを確かめる……。そうしたことを何回か重ねて、半年か一年やれば、けっこうワインのことがわかってくるはずである。

カタログのようなワイン・ブックを買いこんで、飲みもしないし飲めもしないワインの名前を覚えるというようなことは——ソムリエやワインのプロになろうというならいざしらず——

一般のワイン愛好家にとっては必要ではない。

東京に住んでいる人が大阪の環状線の駅名を暗記する必要はないだろうし、大阪に住んでいる人が東京の山手線の駅名を覚える必要はないだろう。しかし東京に住んでいる人なら、山手線の駅名全部は記憶していなくても、渋谷、新宿、池袋、上野といったそれぞれの駅名をあげれば、それと結びついた街の顔とでもいうものが自然に浮かんでくるはずである。ワインもそうしたものなのだ。

考えてみれば、ワインとのつきあいも、人とのつきあいと同じようなものである。人口が一千万人を超える東京に住んでいても、そのすべての人と知り合いになることはできないし、その必要もない。親しい友人が十数人、勤め先での知り合いや近所の人などという知人が数十人から数百人というのがいいところだろう。それで別に不自由するわけではない。ワインと仲良くなるというのは、友人づくりと同じなのである。出会いを大切にして、気に入った人を選び、だんだん交際を深めていけばよい。

ただ、ジャングルにせよ、王道にせよ――近道とはいえなくても――むだな労力を避ける、というのはできない相談ではない。ワイン・ブックも地図や道標のようなものである。道順を知っていれば迷わずにすむし、その位置関係がよくわかる。しかし地図はあくまでも地図で、行ってみなければそこがどんなところかはよくわからない。ワインも飲んでみなければわからない。行きもしない場所の地図を眺めるのもひとつの楽しみだが、やはり行ってみてこそ地図が役に立つ。

　ワインの本は、地理を書いたものが多い。ワインのリストは地名のオンパレードのようである。ワインは出生地によって違ってくるから、どうしてもそうなってしまう。ワインと地理との関係はそう詳しくなくともある程度は知らなければならないし、ワインと仲良くしていくと自然に知っていくことになるだろう。

　実は、ワインと仲良くなりたい、またはワインを良く知りたいと思いたったときに、大切なひとつのやり方というものがある。むやみやたらに数を多く飲むだけが能ではない。そんなことをしたら、かえってわからなくなる。ワインを本当に理解するための近道は「並べて飲む」ということである。

　一度に五本、六本も飲むことはない。それも悪くはないが……。二本でいいから、並べて注意深く飲んでみることである。違った葡萄のワイン、近い場所でとれたワイン、すごく離れたところのワイン、同じワインの違った年のもの……というように。このやり方をすると、ワインの「違い」というものが自然にわかってくる。その「違い」がわかってくるということが、ぞくぞくするほど面白い。

　そうしたワインの歓びというものを味わっていただきたいと思って書いたのが本書である。当初、フランスの二つの大河のワイン、「ロワールとローヌのワイン物語」を書きたいと思っていたのを、機会があって、編集のすすめで、フランスを舞台にしたライバルにしぼってみることにした。お読みいただいて——また飲みながらでも読んでいただければ——ワインというものが、風土と人間の結びついたもの、自然と人間の合作物だということ、そしてそれが歴史と密接に結びついて形成されてきたものだということがおわかりいただけるにちがいない。

その意味でワインは単なる飲みものではなく、文化そのものなのである。

平成十一年十一月十一日

山本　博

フランスワイン　愉しいライバル物語／目次

第Ⅰ章

王様と女王様

ボルドーとブルゴーニュ

ワイン王国フランス

「世界で一番いいワインはなにか？」これは「世界で一番偉い人は誰か？」と尋ねるようなものので、永遠に答えなき問いなのだろう。自薦他薦、いろいろなワインが名乗りをあげるだろうし、最近ではいままで予想もしなかった国や地方からとんでもない逸物が現われているから、ちょっとやそっとで意見はまとまらない。

しかし、「優れたワインを一番数多く出している国はどこか？」という問題になると、一部のへそまがりを別にすれば、やはり、フランスということになるだろう。

イタリアは大変なワインの王国で、種類はめっぽう多く、傑作がごろごろしているし、だいいち歴史も古い。ドイツも生産量こそ少ないが、他の国が足もとにも及ばない逸品を出す。スペインは、フランスに追いつき追い越せ、のワインの量産国になりつつあるし、最近では優れたワインも頭角を現わしている。しかし、量と質、ことに優れたワインの層の厚さの点と、極上品の数の多さと多様性の点では、まだ他の国はフランスに太刀打ちできない。

そのワインの王国、フランスが世界に鼻を高くできるのはなんといっても、ボルドーとブルゴーニュのワインのおかげである。フランスの南西部と中央東北よりの、この二地方の名前は、上物のワインの代名詞のようになっている。ワインの世界のことを語ろうとしたときに、この二つを抜きにしたら話にならないのだ。ボルドー・ワインとブルゴーニュ・ワインは、単に飲みものという域を超えていて、少なくともヨーロッパの知識人たるもの、ヨーロッパ文明の理解者たろうとする者は、この二つのワインについて常識がないと恥をかく始末になる。

　このフランスの二代表ともいうべきワインはたがいに優れているだけに、両者間――そしてファンの間――のライバル意識は相当なものである。「汝の敵を愛せ」といったのはキリスト様だが、この立派な御教えも、このワイン・ライバルの間では通用しそうもない。ワインを理解するには違ったものを比べて飲むのが早道だし、基礎でもある。そうした意味で、まずこの二大ライバルを比べてみよう。

シーザー以来の快挙

シェークスピアは、『リア王』のなかで、「あの水っぽいブルゴーニュ」（第一幕第一場）といわせているが、ボルドーとブルゴーニュのどちらを選ぶかということは、世界中のワインファンを二派に分けさせる論戦の的になっている。もっとも、シェークスピアのこのせりふについては、ブルゴーニュ党は、シェークスピアはなにか訳があってブルゴーニュに怨みをいだいていたのだとか、彼はろくなブルゴーニュ・ワインを飲んでいなかった、いや、高くて飲めなかったんだ、という。

　両方の地元の連中になると、敵愾心というかライバル意識は相当なもので、ちょっと茶々を入れると、たちまち猛烈な言葉が返ってくる。

　ボルドーっ子にいわせれば、「ブルゴーニュなんかは日当たりと天気が悪く寒いところなんだから、いいワインなんかできっこない。あれはあれこれひねくりまわしてやっと造った調理《クッキング》ワインなんだ」ということになる。

ブルゴーニュの親爺も負けていない。「ボルドーなんてなんだ。しわくちゃ婆あじゃないか。渋くて渋くて飲めたもんじゃない！」

もっとも、この両地方のみならず、世界各地のワイン造りの親爺というのは皆、唯我独尊。自分のワインが世界中で一番うまくて、太陽は自分の畑の東から昇り西に沈むと思いこんでいる連中が多いのだから、割り引きして聞かなくちゃあ……。

両方とも、敵愾心が旺盛なあまり、相手方のワインのことをよく知らない。というより、あまり飲んでいない。「飲みもしないでケチをつけるのはおかしいじゃないか」と、痛いところを衝いてやる。すると、「自分のところにうまい酒があるのに、なんでわざわざ高い金を払ってまでまずい酒を飲まなければならんのかね」という返事が返ってくる。飲んでみて相手のワインがすごかったら困るので、実はおそろしいから飲まないのかもしれない。

ブルゴーニュのモレ・サンドニ村に、ジャック・セイスという若い――今ではけっこうな齢だが――酒造り屋がいた。ビスケットのナビスコの社員だったが、脱サラしてこの村に住みつき、「ドメーヌ・デュジャック」を興してワイン造りに励み、あっという間にこの村のスター的存在になった男である。

ここを初めて訪れたとき、いいものを見せてやると案内されたのが地下の酒庫だった。なんとそこには宿敵ボルドーの名酒がずらりとそろえてあった。もちろん、一見して自分の飲み分である。あぜんとして、というのは、ブルゴーニュの隅から隅まで歩いてみても、こんな光景にはお目にかかったことがないからだ。一息ついてから、「こんなことをして大丈夫かね」と尋ねてみた。

「初めは、ずいぶん悪口をいわれた。でも、敵を知らなくては戦いに勝てないんだ、といったらみんな黙ってしまったよ」と笑っていた。孫子の兵法はここでも通用するらしい。

最近のグローバル化現象は、ワインも例外ではない。ことにヨーロッパの共同体化がすすみ、世界の各地に強敵が現われるようになった現在、これまでのようではまずかろうと気がついたのか、最近、ボルドーとブルゴーニュの若い醸造家たちは、交流をするようになった。関係者にいわせると、フランスでワイン造りが始まったシーザーの時代以来、初めての快挙なのだそうだ。

澱を除くか、除かないか

ボルドーはフランス南西部、ブルゴーニュは東北より。所が違えば使う葡萄も違う。となれば、できあがるワインが違うのは当たり前だ。

両方の赤ワインはいろいろな点で違っているが、面白いのは壜の中の澱《おり》。なぜ、澱が壜の中に出るかというと、技術的にはいろいろくわしい説明ができるが、出ないようにするのは簡単で、壜詰めする直前にフィルターをかけてしまえばいい。澱が出るのは、造り手のほうがわざとそうしているわけだ。安いワイン、日常用ワインは、澱が出るのを嫌ってフィルターをかけているからまず澱は出ない。澱が出るようなワインはむしろ良いワインだと思ったらいい。

少し前まで、日本のかなり有名なホテルやレストランで、壜に澱が出たといって納入業者に突き返すところがあった。たぶん、その店にはソムリエ君がいなかったんだろう。

澱に関していえば、ボルドーのほうが絶対的に量が多い。澱もいろんなタイプがあって、雲か霞のように壜の中にただようもの、泥のようにどろどろのもの、さらさらの砂のようなもの、古いものでは澱が固まってレザーのようになるものまである。

ボルドー・ワインの澱の多くは砂泥タイプだからデカンターをする。いや、上級シャトーの年代物は必ずデカンターをしなければならない。これをやらないで不精をすると、グラスに注がれたワインは濁るし、雑味が出てしまう。もっともすごく古い古酒は別で、デカンターをしない。

ところが、ブルゴーニュのほうはデカンターをしないことになっている。ことに現地へ行くと、まず絶対といっていいほどしない（もちろん異端者はどこにでもいる）。澱が出るんじゃないかと心配すると、「籠《パニエ》に入れてそっと注げば出やあしない」という答えが返ってくる。

ある酒造り屋の親爺なんかは、乱暴に注ぐものだからグラスに澱が出てしまった。しかし「澱も身の内、ワインの一部さ。かえって味が濃くなるぞ」とすましていた。「ボルドーなんかは、イギリス野郎がお得意なんだ。あのどろどろのポートを飲むからデカンターというおかしなものが必要なんで、ボルドーの連中はそれを真似してデカンターを始めたんだ」といきまいていた。

いかり肩ボルドーとなで肩ブルゴーニュ

こういうふうに、ボルドーとブルゴーニュの違いや優劣について議論が白熱するのも、理由がないわけではない。

フランスといえば、ワインの王国。そのフランスの中でも、ボルドーとブルゴーニュは別格級の産地で、いわばブルゴーニュが東の横綱、ボルドーが西の横綱的存在だからだ。単にそれだけでなくて、両者ともいわゆる「クラシック・ワイン」の名産地と目されている。

クラシックという言葉はいろいろな使われ方をしているが、ギリシアの哲学や彫刻、音楽のクラシックを考えればよいだろう。つまり人間の智恵と努力が磨きあげたその分野での理想型、それ以上のものはなかなかできそうもない絶好の見本、というような意味だ。

確かにブルゴーニュとボルドーの最高級ワインは立派なもので、ちょっとやそっとでは揺るがない王座である。しかもその両方がそれぞれきわだってユニークな個性をもっている。だから、世界のワイン後進国は、この二つのタイプをお手本にして、それに追いつき追いこそうと鎬《しのぎ》を削っているのである。

ボルドーの壜は、ずん胴いかり肩タイプ、ブルゴーニュの壜は、腰太なで肩だ。両者以外のワインも、壜の形をみただけで、そのワインがボルドーか、ブルゴーニュ、どちらのタイプをねらっているのかがわかる。

それでは、この両者はどう違うのだろうか。

最初に、白ワインでいうと、実はこのほうは比較にならない。というより初めから勝負がついている。

まず甘口の白ワインは、ボルドーの独壇場である。有名なシャトー・イケムを頂点として、すばらしいシャトーものがずらりと並んでいる。ブルゴーニュのほうは、そもそも甘口ワインがない。いやできないといったほうがいいだろう。ボルドーの甘口ワインにはかないっこないから、初めから白旗を揚げているのかもしれない。

ところが、辛口白ワインになると、がぜんブルゴーニュのほうが優勢。『三銃士』を書いたかのデュマが「脱帽し、跪《ひざまず》いて飲むべし」といったル・モンラシェを先頭にして、ムルソー、コルトン・シャルルマーニュ、シャブリなど、錚々《そうそう》たる逸品がひしめいている。辛口白ワインはやはりブルゴーニュにとどめをさすのである。

ボルドーのほうで辛口白ワインを造っていないわけではなく、けっこうな量を出している。しかし、ブルゴーニュに比べると、どうしても影が薄い。もっとも、シャトー・オーブリオンがほんのわずか造っている白の逸品があるし、シャトー・マルゴーやムートン・ロートシルト、ランシュ・バージュまでが、この頃は白に色気を出している。

ボルドーの酒屋連中にしても、いい白がないというのは肩身が狭いし、自分たち自身もおいしいものを飲めないのは不便なものだから、この頃は白ワインの品質向上にやっきになっている。現に、優品ともいえるものがぼちぼち姿を現わしだしたから、これからはわからない。

かたやシルク、こなたビロード

それでは赤のほうはどうだろうか。これは興味津々、飲み比べをやり始めたらきりがなく、エンドレスのタッグマッチのようである。

まず色でいえば、ブルは鮮紅色、ボルは濃紫紅色。ボルのほうは色が濃くて、グラスの底が見えないくらいのものもある。ブルは明るくて、見るからに陽気そうだが、ボルのほうはちょっと陰鬱な印象。

香りでいえばブルは発散型で、グラスに鼻を近づけると頭がくらくらっとするくらい強烈である。ボルは内向型で、香り自体決して弱いわけではないが、はじけるような開放的なタイプではない。しかし抜栓した壜を食卓に置くと、部屋中に馥郁と香りがただようことがある。

それと決定的なのは、ブルのほうは単純明快だが、ボルのほうは複雑深奥。ボルドーが注がれたグラスは人をひきずりこむ底なし沼のようなおそろしさがある。これがボルのボルたる魅力で、ブルはパワフルだがそうした重厚さがない。

ソムリエ諸君がよく使う「おきまりの表現言葉」でいうと、ブルのほうは、木いちご《フランボワーズ》、いちご《フレーズ》、さくらんぼ《スリーズ》、においすみれ《ヴァイオレット》の香りがすることになる。ボルのほうは、黒すぐり《カシス》、西洋すもも《プリュヌ》、チョコレート（?）ということになっている。

味わい、口当たりでいうと、ブルは「フル」で、ボルは「リッチ」である。いずれも口当たりは滑らかで——ただし良いもの——かたやシルク、こなたビロードの如し。口に含むと、ブルのほうはきりっとしていて、肉づきがよいが、おでぶさんではなくて、身がしまっている。ボルのほうは豊潤・豊満、ふわっとソフトだが実に——抱きしめがいがあるというか——こってりとしている。口の中で噛めそうな気がするくらい、日本風にいうとコクがある。

別のいい方をすると、ブルのほうは酸味が効いていて、ボルのほうは渋味《タンニン》が強い。実はこの点が両者を利きわける鍵で、このサンとタンが上手に出ているかどうかが、名酒になるかならないかの決め手になる。

タンニンというのは、二つの面白い特色ともいえるものを持っている。ひとつは、若いうちは荒くて渋いが、歳をとると練れてきて角《かど》がとれ、絶妙な味になるという点である。もうひとつは、ワインを長持ちさせる働きを持っていることで、つまりこれが多いことが長寿のあかしとなる。

だから、ブルのほうは比較的早くから楽しめるが、そう長持ちしない。ボルのほうは、若いうちは飲みにくいが、頃合いのときまで壜で寝かせておくとすばらしいものに熟成・変貌する。

いうまでもなく寿命が長い。長生きという点では、ブルはボルに太刀打ちできない。その逆に、潑溂とした若さというのは、ボルが持っていないブルの長所である。

かつての学生諸君の間で流行っていた「総括」とやらをこの辺でやってみると、ブルゴーニュのほうは素直・明朗・軽快・爽快で、ボルドーは複雑・精妙・重厚・深奥ということになるだろう。

同じクラシック音楽でも、かたやヴィヴァルディかモーツァルト、こなたベートーベンかブラームスといえるかもしれないが、音楽をひきあいに出すと、とんでもないお叱りを受けるのがしばしばである。やめておこう。

「ブルゴーニュが男で、ボルドーが女」という喩えも、支持派と反対派がある。まさしくそのとおりといってうれしがる人もいれば、それは話が逆じゃあないかと、口をとんがらす人もいる。

そういえば、ロマネ・コンティのご当主、ヴィレーヌさんも、その喩えはおかしいと首をかしげていた。確かに、良いボルドー・ワイン、ことにポーイヤック例えばムートンなどは、色も濃く、肉づきもしっかりしていて、威風堂々とあたりを睥睨《へいげい》する風格を持っている。

こういう話をあまりすると、そうした比較をすること自体女性蔑視で、時代遅れ《アナクロニズム》だとお叱りを受けそうなので、これまたやめておこう。

中締めによく知られたものではあるが、小話をひとつ。

あるとき、ある家臣が、ある王様——これが誰かはいろいろ説がある——に尋ねたのだそうだ。

「ブルゴーニュとボルドーと、どちらが良いとおぼしめしますか」と。

王様、にっこり笑って答えたそうな。

「金髪《ブロンド》の美女と茶髪《ブルーネット》の美女と、どちらが良いかと尋ねるようなものじゃ」

料理は圧倒的にブルゴーニュだ

ワインに料理はつきものだが、ことレストランになると、断然ブルゴーニュのほうに軍配があがる。ミシュランの三つ星、二つ星がごろごろしている。

ブルゴーニュ王国の最盛期の時代、ディジョンの宮廷でくりひろげられた金羊毛騎士団の饗宴の絢爛豪華さは、フランス国王が嫉妬の炎を燃やしたほどだった。以来、その伝統を継いだ美食の地として、今日でも世界中のグルメが美食旅行をしたがる。かつてはアヴァロンの「デラ・ポスト」、ソーリューの「コート・ドール」、シャニィの「ラムロワーズ」は、フランス最高のレストランに数えられた。

最近では新鋭三つ星の「レスペランス」(ヴェズレイ)、「コート・サンジャック」(ジョワニイ)に加え、シャンベルタンの畑のそばに「ミレジム」というすごいレストランが現われた。

ブルゴーニュへ行って、おいしいレストランを探すのに骨を折ることはないし、むしろ短い旅程のなかでどれを選ぶかにひと苦労させられる。あれこれごまんとあって、ちょっとやそっとで書ききれない、食べきれない。だいたい日本でよく知られている蝸牛《エスカルゴ》料理なんかは、ブルゴーニュへ行ったら高級な食べものではない！

デラックスなレストランの素晴らしさは言うまでもないが、小料理屋の粋なところが楽しい。あるとき、シャロレーの小さな町で、時間の関係で、どうせたいしたことはないだろうと、ちっぽけな店に入った。昼の定食が立派なコースメニューで、メインのシャロレー牛の料理は、日本の牛が世界一だといった奴は誰なんだと叫びたくなるほど素晴らしかった。いざ勘定になって、間違っているんじゃないかと目を疑ったくらい安かった。ワインを入れて二千円そこそこ。まさにオドロキ！　ブルゴーニュの底力を見せつけられた思いだった。

ボルドーのほうは、あれだけすごいグラン・ヴァン（名酒）を出しているにもかかわらず、料理とレストランは見劣りがする。かつてボルドーっ子御自慢の「シャボン・ファン」という三ツ星の店があったが、やめてしまった。現在では再開したが、昔のレベルにはほど遠い。おいしい店は何軒もない。かつてはおいしい店はボルドー市内の魚料理屋の「デュヴェロン」と郊外の「レゼルブ」くらいだったが、最近は郊外になかなか良いレストランが現われだした。

ボルドーでなぜ良い店がないのかと尋ねると、大事なお客はシャトーで食事をしてしまうからだろう、という人もいる。しかしそう単純な問題ではない。そのことは、この大都市のメインストリートにめぼしい高級ブティックがないことでもわかる。つまり、ビジネス一本槍の町だからなのだろう。

名物料理といっても、鴨料理と八ツ目鰻のシチューぐらい。八ツ目鰻は勇気と好奇心旺盛な人向き。かつてはグラン・ヴァンの故郷、メドックへ行ってもろくな店は一軒もなく、ポーイヤックの河岸でひどい食べものでがまんしなければならなかった。

ボルドーを弁護するわけではないが、最近は様変わりしてきて、市内でも、「ジャン・ラメ」とか「パヴィヨン・デ・ブールバール」とか「サン・ジェーム」のような良いお店ができたし、しゃれた牡蠣の店もある。ポーイヤックには「コリディアン・バージュ」という素敵な料理を出すシャトー・ホテルがある。

あるとき、名酒街道《ルート・ド・グラン・クリュ》のアルサンで、街道沿いのちっぽけな店「リヨン・ドール」に入った。近所の人たちの巣になっているような家族的な店である。そこで食べた仔羊のグリエには期待していなかっただけにおどろかされた。羊肉でもポーイヤックの乳飲み仔羊は、広いフランスのなかでもAC（原産地呼称名）を持っているという珍しいものだが、この店の乳飲み仔羊の肉は、ほっぺたが落ちそうなくらいおいしかったのである。おいしい食べものは、店構えなどには関係なく、食いしんぼうの客と研究熱心なシェフの共同作品だということをここでも悟らされたのである。そこで出された地酒的ワインが、これもまた、実にぴったりだったのである。（ブルゴーニュとボルドー・ワインを詳しく知りたい方は、筆者の『ワインの王様』『ワインの女王』〈早川書房〉を参照のこと）

第II章

世界最高の赤ワイン

ロマネ・コンティとシャトー・ラフィット

赤ワインの世界最高峰

世界最高の赤ワインとは？　それこそ諸説紛々。自分が惚れこんだワインを持ち出して御高説をとなえる者がいくらでもいるから、論争は高じて喧喧囂囂《けんけんごうごう》きりがない。しかし一応通説というべきものにしたがうと、ロマネ・コンティとシャトー・ラフィットになる。こなた口のうるさいブルゴーニュでも、十目の見るところ十指のさすところ、これに落ち着く、特級ワイン《テート・ド・キュヴェ》。かなた有名なボルドー、一八五五年の格付けトップに輝く格付け銘柄第一級《プルミエ・グラン・クリュ・クラッセ》のワイン。

いずれも、その年代物がクリスティのオークションに姿を現わすと、競り手は活気づき、高値が高値を呼ぶ。世界のワイン愛好家の垂涎の的で、懐が痛むのを苦にしないワイン俗物《スノッブ》が、酒庫にうやうやしく飾って鼻にかける。飲むのはもったいないと大事にしまいこんで、他人に見せびらかす手合いが多い。ワインは飲むためにあるんで、飲まないほうがもったいない。交通事故にでもあって、突然死んだらどうするんだろうと、こちらのほうが気をもむ。

ある英国のジャーナリストが、かけ出し時代に分不相応にもラフィットの一九六一年ものの一箱を思いきって買い込んだまではよかったが、その後、そのワインのことが心配で夜も眠れなくなった珍騒動をユーモラスに皮肉ったレナード・S・バーンスタインの小説もある（邦訳『ワイン通が嫌われる理由』時事通信社）。

日本では、北海道のワイン好きのグループが、「ロマネ・コンティを飲まない会」を結成してたがいに裏切らないことを誓いあった。それを聞いた有名なワイン・コレクター、ドクター・ムラタが、コンティの年代物のマグナム壜を飲む夕べを企画して、グループの各人にそれぞれひそかに招待状を出した。当日定刻になったら、ずらっと飲まない会の会員が勢ぞろいしたそうだ……。なんだか映画「バベットの晩餐会」のような話である。

なにもロマネ・コンティとラフィットだけがワインではないので、負けず劣らずのワインはいくらでもある……。確かにそうだが、そういうと負け惜しみみたいに聞えるのも確か。この二本は、ワイン愛好家たることを志す者にとって、洋服代を削ってでも一度は飲んでみたいワインではある。

ところが、しばしば失望落胆、裏切られたと思ったり、がっかりする人が少なくない。それには理由があって、そうした場合、たいていワインの保存状態が悪かったか、まだ若すぎて熟成のピークに達していなかったりしていたはず。これだけのワインになると、味わうにはそれだけの準備を必要とするのだ。

それはそれとして、さて、ロマネ・コンティとラフィットとの勝負には、どちらに軍配をあげたらよいのだろうか。二本出されてどちらか一本を選べといわれたら――もちろん、同じ年代のもの――さあ、あなたならどっちにするかだ。

名酒は土質が決め手

ロマネ・コンティは、ブルゴーニュでも最上のワインを生む黄金丘陵《コート・ドール》のコート・ド・ニュイ地区のヴォーヌ・ロマネ村の生まれ。なだらかな東南向きの斜面（五〜六度）のちょうど中ほどにある（海抜約二六〇メートル）。斜面の東のほうが少し低くなっている関係で、朝一番早く日が差し、一日中たっぷり陽をあびる。ブルゴーニュのような寒い地方では朝の日差しはとても重要。

畑は一見したところ他とたいした違いがないが、地下は複雑な地層となっている。表土は白い小石まじりの赤褐色の土だが、その下はピンクの縞模様の入った石灰岩層、その下がぼろぼろの粘土と牡蠣殻が堆積したカルシウム系泥灰土層、さらにその下は原始海生物（ウミユリ）の関節からなる硬質岩石層というぐあいである。地下深く根をのばした葡萄は、こうした複雑な地層の成分を吸い上げて、果実に凝縮させる。

葡萄はピノ・ノワール一種だけ。十九世紀後半にヨーロッパ全土を襲った葡萄根あぶら虫《フィロキセラ》のため各地の畑は全滅状態に陥ったが、ここだけは苦心惨憺、古いヨーロッパ種の葡萄を守り抜いた。第二次大戦中、人手不足のためそれを断念させられたが、この害虫に耐疫性のある株に接いだ枝は古い木のものだった。

葡萄は、ヘクタール当たり一万一千本から一万六千本という密植。日本人の感覚からいうと、木と木の間隔は広いほうがよいのではないかと思うが、ワイン用葡萄にかぎっては逆。密植すると、葡萄は根を横に広げられないから地中に深く伸ばす。そのため地中から吸い上げる成分が複雑になる。

また、枝もたわわに実る葡萄は日本人の目からみると実に見事だ。しかしワイン造りの場合はそれでは駄目。見かけは貧弱、いくらも実がついてないというのも、剪定をきびしくして、一本の木になる房を少なくすれば、それだけ果実に集中する成分は濃くなるからである。

そこでは一本につけさせる房はたったの四〜六房。ということは、一本の木からとれる量はせいぜい三分の一壜分くらいという寡少生産になる。そして選果から醸造まで、細心の注意を払って慎重に仕込む。

ロマネ・コンティの醸造技術には、何か魔術か、特別の秘法が使われているのでないかと疑われた時代もあったが、そんなことはない。醸造方法は他と基本的に変わらない。ただ最上を極めるため、徹底した管理をしているだけである。土地が持っている長所をフルに発揮させるということを、信条——というより哲学——としている。

ひとりで飲むのはもったいない

ラフィットのほうは、ボルドーの名酒の故郷メドック地区、ポーイヤック村の産。ポーイヤックは、ブルゴーニュのヴォーヌ・ロマネ村と同じように最上級のワインを生むシャトーが集中している村で、なにしろ格付け銘柄のトップシャトーであるラフィット、ラトゥール、ムートンが、この村にある。

ここは、ボルドー市からかなり北になり、ジロンドの大河を見渡す河岸の小高い丘にある。

小高いということは、大昔、フランスとスペインの国境にあるピレネー山脈の岩石がガロンヌ河、ジロンド河で運ばれてきて、河を流れてくるうちに砕け削られて丸く小粒になり、砂利となって堆積したことを意味している。

メドックのような河沿いの地帯では、土質は粘土と砂が中心になるのがふつうだが、場所によっては河の流れの関係で砂利が厚く累積するところが出てくる。この砂利が、河近くの畑を水はけのいい畑とする。メドックで名シャトーのあるところは、必ずといっていいほど砂利の混入比率の高いところである。この砂利と粘土と砂との絶妙な比率が優れたワインを生む鍵になっている。

ボルドーの葡萄栽培、ワイン製造事業は初めは市の周辺で繁栄した。有名なシャトー・オーブリオンが町のすぐはずれにあるのは、その時代の名残りである。ボルドー市からかなり離れたメドック地区では、一七〇〇年代の初めの頃――日本でいうと、元禄が終わって吉宗の享保の改革が行われた頃――いくつかのシャトーが頭角を現わしてくる。ポーイヤック村あたりは名門セギュール家の領地で、今日のラトゥールやムートンも同家のものだったが、その中心だったのは、なんといってもラフィットだった。その名声があまりにも高かったので、セギュール伯爵は「葡萄公《プランス・ド・ヴァン》」と呼ばれたくらいである。

歴史的な理由から、ボルドー・ワインは対英貿易で発達し、そのお得意先はもっぱらイギリスだった。フランス宮廷がボルドー・ワインに注目しだしたのはもっと後のルイ十五世の時代で、ボルドー・ワインのなかでも最初に王の寵妃マダム・ポンパドールの目に留まったのがラフィットだったのである。以後ポンパドール妃と、それにつづいたデュバリ妃の愛飲酒になり、それを飲むのがフランス貴族のプレステージになった。

フランス革命後、複雑な持ち主の変遷があった末、ここを手に入れたのが国際金融王ロスチャイルド家の一員だった（次章参照）。巨大な財力をバックに、畑や酒造りの改良が行なわれ、ラフィットはさらに磨きぬかれ、今日に至っているのである。

ブルゴーニュの赤が、ピノ・ノワールという単品種の葡萄で造られるのとちがって、ボルドーではカベルネ・ソーヴィニヨン、メルロ、カベルネ・フラン、プティ・ヴェルドといった数種の葡萄を混ぜて造る。それがボルドー・ワインに複雑さを帯びさせる原因にもなっている。

なかではカベルネ・ソーヴィニヨンが主体で、この葡萄を使うとワインは色が濃く、豊潤で、タンニンが強くなる（ラフィットではカベルネ・ソーヴィニヨン七〇%、メルロ二〇%、カベルネ・フラン一〇%）。現在、世界でカベルネ・ソーヴィニヨンを使ったワインが大流行だが、その本家本元の教祖的な存在といえるものがラフィットなのである。

栽培状況は、ヘクタール当たり九千本くらいで、ロマネ・コンティより少ないが、密植であることには変わりはない。また、厳密な剪定・選果による生産制限、徹底した醸造工程の管理も同様に行なわれている。

ただ、ロマネ・コンティとラフィットとでまったく違う点がある。それは畑の広さである。

ロマネ・コンティのほうは、わずか一・八ヘクタール。それに比べるとラフィットのほうは九四ヘクタールもある。これだけ畑の広さが違えば生産量が違うのも当然で、ロマネ・コンティのほうは毎年六千本そこそこしか出せないが、ラフィットは年平均二万一千ケースも出せる。約一対四もの開きがある。

世界には、有名なワインを手に入れるためなら値段のことはあまり気にしない大金持ちは多いから、数の少ないロマネ・コンティを欲しがる連中のために、どうしても値がつりあがる。ひと壜十数万から数十万円もするロマネ・コンティの馬鹿値に憤慨する人がいるが、これはワインに罪があるのではなくて、稀少品のためなら金に糸目はつけない、という連中が悪いのだ。

ラフィットのほうは、若いものならありがたいことに二、三万円で買えるからなんとか入手できる。ラフィットも三十年、四十年を超す年代物になると急に値段がつりあがる。ロマネ・コンティに比べてラフィットはすごく安く買えるから、これをありがたがらない拝金亡者がいるが、この両者の場合、必ずしも値段は品質を反映していない。需要と供給の問題なのである。

いずれにせよ、この世界の赤ワイン最高峰といえる二大ライバルの対比は鮮やかで、高いお金を払ってもそれだけのことはある。ひとりで飲もうとするから無理なので、何人かの有志を募《つの》って味わい比べてみるのも、ワインの究極の逸楽のひとつかもしれない。その違いを語り合うのも愉しみをさらに増すだろう。

名酒とチーズで

ところで、ワインについては、どんな料理と合わせるかという話がよく出る。しかし、ラフィットやロマネ・コンティのようなグラン・ヴァンになると話はちがってくる。下手な料理だとワインに太刀打ちできない、というより、せっかくのワインを台無しにしてしまう。

フランスでは晩餐会の場合、料理のコースの間はほどほどのワインですませ、食後のチーズのときにとっておきのワインを出す。いわば最高のワインへの特別待遇である。そうしないと料理が邪魔になって極上酒のデリカシーを味わえないからでもある。

シャトー・ラフィットの御招待で、その「青の部屋」で食事をいただいたときも、ラフィットの年代物がこのチーズのときに出た。ドメーヌ・ロマネ・コンティで、ロマネ・サンヴィヴァンの垂直テスト（同じ醸造元の異なった年代のものを利き酒する）に招かれたことがある。その晩餐会の場合も同じだった。

あまり知られていないが、シャトーでの食事はレストランと違う。オードブルとメインディッシュの二皿というのがふつうである。オードブルの前に、応接間でシャンパンかアペリチフを飲んでゆっくりとくつろぎ、それがすむとダイニングルームへ移る。

メインはだいたいがシンプルで、肉のグリエのようなものだ。レストランのように手のこんだソースは出ない。たいてい大皿でサーヴィスされるから、自分の皿に上手にとりわけるのにひと苦労する。それと決まってお代わりをすすめられる。食事の時間が長びきそうなら初めから沢山とらないことだ。これはまわりを見渡して様子をうかがえばよいが、自分がメインゲストの場合は最初にサーヴィスされるから、沢山とらないのが無難。量を少なくとっても、早くたいらげると、お代わりをもってきてくれるから大丈夫である。

そうしたシンプルなメインディッシュはソースにしてもワインの味わいを殺さず、ワインの味を引きたてるように味つけされている。レストランとちがって、料理人の腕を見せつけるための料理ではないからだ。それがすんでから、すべての皿とナイフ、フォークを片づけ、さっぱりしたテーブルに、チーズの小皿とその日のハイライトのグラン・ヴァンがお出ましになるのである。

第III章

シャトーのロスチャイルド

ラフィットとムートン

ロスチャイルドの夢

世界最高級の赤ワインを象徴するのは、ボルドーはメドックの一八五五年の格付け第一級である。それはラフィット、ラトゥール、マルゴー、ムートン、そしてオーブリオンの五つのシャトーである。そのうち、ラフィットとムートンは、ロートシルトという文字がその下にハイフンでつながれている。これはいったいなんなのだろうか。

新橋・横浜間の最初の鉄道敷設、日露戦争の戦費、関東大震災後の復興、第二次大戦後の日本開発銀行債、日立製作所転換社債、三菱レイヨン債、野村證券などの国際投資信託「太平洋ファンド」など……。

クイズではないが、これだけ書いてピンとくるなら、相当な金融マンである。これらは、日本が、ある銀行から融資のお世話になったものである。その銀行とは、英語だとロスチャイルド、フランス語でロッチルト、ドイツ語でロートシルトになる銀行、ユダヤ系の一家族だけが所有する閉鎖的財閥なのである。シャトー・ラフィットも、シャトー・ムートン・ロートシルトも、この財閥の異なった家系に属している。

ドイツはフランクフルトに代々住みつき、赤い楯（ロートシルト）をいわば家紋としていた小商人の息子マイヤーは大飛躍を夢みる夢想児だった。まず、古銭の売買でコネをつけ、ウィルヘルム公にお目通りができるようになる。両替商の経験をつむかたわら堅実な生活で着々と財を積んでいく。公が振り出した手形の割引で国家の金融業務に割り込める機会をつかむ。

以後、公や貴族への融資、公の外国に対する貸付や投資の回収、国際取引の決済を通じて国家財政への関与を深め、その間の金利や手数料収入で次第に蓄財を増やす。デンマークの財政破綻やナポレオンのプロシア侵入のどさくさにも、ウィルヘルム公の資産管財人になるなどうまく立ちまわって巨大な利益を手にする……。

国際金融業のうまみに着目したマイヤーは、長男をドイツでの金庫番とし、次男はオーストリアのウィーン、三男ネイサンは英国のロンドン、四男はイタリア、五男ヤコブ（ジェームズ）をフランスのパリへと派遣し、兄弟間で緊密な連絡をとり合い、その国際情報を事業に生かした。そして、ナポレオンがヨーロッパを支配した動乱期に巨大な富を手にしていくことになる。この五兄弟のうち、三男のネイサンと五男のジェームズの家族がそれぞれ、メドックのシャトーの主人公になるのである。

パリのロスチャイルド家

パリのジェームズは、文化の都パリにふさわしい伊達男《ギャラン》だった。接待外交を通じてフランス政府の要人と結びつき、国家財政に食いこむのが彼の仕事だった。もとフーシェの持ちものだったフェリエール宮を買いとり、ヴェルサイユに次ぐフランス最高の美邸とし、そこで繰りひろげた宴は、当時のヨーロッパ文化の粋を集めた。

ここを舞台にしたフーシェ、タレーラン、メッテルニヒ、そしてナポレオン三世に至るまでの交流は、ヨーロッパ政治の裏面史でもあった。文人、芸術家のサロンにもなっていたから、バルザック、ハイネ、ロッシーニなどは常連で、それぞれ小説を書き、詩を献じ、ミュージカルを作曲した。アングルは美女ベッティの肖像を描き、ドラクロアは乞食姿に扮したジェームズの姿を描こうとした。饗宴は贅をつくしたもので、料理を受けもったのは当時の最高の料理人カレームだった。

となると、供するワインも最高のものでなければならない。賓客をもてなす最高のワインを確保するためにジェームズが一八六六年に買ったのが、シャトー・ラフィットだった。

ロスチャイルド家の銀行があるパリの通りがラフィットだったから同じ名前ということで買ったともいわれるが、話はそう単純ではない。買収合戦は複雑だったが、財力がモノをいったというにとどめておく。

ロンドンのロスチャイルド家

ロンドンのネイサンは、パリのジェームズとまったく対照的な冷血・辣腕の貿易商人・金融マンだった。密貿易で大儲けし、その資金でロンドン金融界を動かした。

ネイサンの死後、ロンドンのロスチャイルド家は長男のライオネルが継ぐが、次第に事業の方向を変えるようになる（たとえば南アのセシル・ローズの鉱山融資など）。また、長男を含め三人の兄弟も貴族社会に溶けこむようになる。ことに三男のナサニエルはパリに住み、ロンドンのロスチャイルド家の優雅な面の代表になる。そのナサニエルが買ったのがブラーヌ・ムートンだった。

これはラフィットを含むセギュール家の領地から分割されたものだった。だから、その畑はラフィットの南隣りの地続きである。畑の由緒来歴、その地勢や土質などもラフィットとそう変わらない。買ったのは一八五三年で、その二年後に有名なメドックの格付けが決定された。当然、ラフィットと同じように格付け第一級にされてよかったのに、ムートンは第二級にされてしまったのである。

名目的には畑と建物の荒廃が理由とされていたが、実際は新購入者に対する反感、ことにロスチャイルド家のユダヤ国籍に真因があったようである。その当時はロスチャイルド家がナポレオン三世と冷戦状態だったことも関係があるかもしれない（ジェームズがラフィットを買ったのは、格付け後の一八六八年）。

ロンドンのロスチャイルド家としては、この格付けに深い恨みを残すことになる。その積年の恨みを晴らしたのが、今世紀初頭生まれのバロン・フィリップである。

どこかの国の大金持ちのおぼっちゃんとは訳が違う。二十歳のときに、父アンリからシャトーの全権を委ねられていたのである。以後「われ一位たり得ず。されど二位たることを潔しとせず。われムートンなり」をモットーに、シャトーの改革に全エネルギーを注ぎこむ。その努力が実り、遂に一九七三年、例外中の例外として悲願の格付け第一級に昇格する。以後モットーは「われ一位なり、かつて二位なりき、されどムートンは変わらず」と書きなおされることになる。

バロン・フィリップの商才を追ってみよう。

まず、ムートンにかぎらず、一級シャトーは必ずシャトー元詰めをするように呼びかけ、ラベルが中身を裏切らないようにした。それ以前は、ボルドーの名シャトーもワインを樽売りして、それを買った業者が壜詰めしたから、しばしば不正が起きた。

次に毎年トップのモダンアーティストに作品を依頼して、ラベルを飾ることにした。ピカソ、マチス、シャガールなどの絵をデザインしたラベルは、今日それぞれの収穫年と結びついて、コレクターたちの秘蔵品になっている。また、ボルドーのシャトーが閉鎖的で、ワイン愛好家たちに門戸を閉ざしているのに気がつき、シャトー内に美術館を建てて一般に公開した。現在、ムートンの美術館は、ワインに関する美術品の展示場としては、ルーブルを凌ぐ内容を誇っている。

ラフィットとムートン

現在、ラフィットはジェームズの血を継ぐエリ男爵、ムートンはバロン・フィリップの娘フィリッピーヌが経営に当たっている。好ライバルでありながら、同族であるため仲がよく、醜い競争はしない。隣り合った畑で同じ種類の葡萄を使い、いずれも当世一流の醸造設備と技術を駆使してワイン造りに励んでいるのだから、ワインは似ていてもよさそうなものだ。ところがそうはならない。むしろ同じトップでも、違った面を強調しようと競い合っているかのように見える。

その違いのひとつは葡萄の混合比率に現われている。カベルネ・ソーヴィニヨンはラフィットが七〇%、ムートンが七六%。メルロはラフィットが二〇%、ムートンが一三%。カベルネ・フランはラフィットが一〇%、ムートンは九%である（ムートンはプティ・ヴェルドを二%使っている）。

できあがったワインでいえば、ラフィットはルビー色が鮮やかだが、ムートンのほうはグラスの底が見えないくらい濃厚である。

香りはラフィットのほうは品がよく繊細だが、ムートンのほうは複雑でカベルネ・ソーヴィニヨンの特徴のカシス香が強く出る。

口当たりと味わいでいえば、ラフィットのほうは絹のような滑らかさ、優美な酒軀《ボディ》、絶妙のバランスを見せる。ムートンのほうはビロードのような滑らかさ、豊潤《リッチ》で複雑な酒軀、がっちりしたタンニンのバックボーンを示す。

きわだった違いは熟成度である。ラフィットも長命だが、比較的早くから飲める。しかしムートンは遅熟で醸造長が「二十五年たたないとムートンではない」というくらいである。ラフィットも一般のボルドー・ワインに比べれば長命だが、熟成のピークで完璧な姿をみせるムートンの長寿には驚くばかりで、一九四五年ものが半世紀を超えていまだに生気を失っていないばかりか、六〇年代、七〇年代ものが今なお現役のバリバリである。

この二つの世界最高の赤ワインは、かたや気品・典麗優雅・洗練を、かたや豊潤・複雑精妙・雄渾と、それぞれ異なるルートから最高峰に到達しようと登ろうとしているライバルのようである。

一九四五年のムートン

ラフィットのシャトーには、一九八九年に招待された。外見こそ地味だが、邸内は有名な「ビスマルクの机」をはじめすべての調度が均整のとれた古典美を象徴しているようで、フランスの「粋《シック》」を見せられるようだった。小塔をおおうように茂った藤が鮮やかな紫の房をつけていた頃、羽仁進さん夫婦と昼の正餐を御馳走になった。

初めは七〇センチくらいの鮭の燻製《ソモン・フュメ》にシャトー・リューセックの辛口の白。その次が仔羊のもも《ジゴ・ダニョー》肉のグリエ。これにはラフィットのセカンドワインに当たるデュアール・ミロンの七九年が出された。二時間ほどデカンターされた赤は、官能的といえるような芳香《ブーケ》と実に深みのある色と味わいで、仔羊とデュエットを歌っているようだった。それが終わって、三種のチーズとともに出されたのがラフィットの一九七六年。

十数年の壜熟を思わせない若さを持ちつつ、それでいて実に落ち着いていた。ちなみにワインは生まれた醸造所の酒庫で寝かされた場合、熟成が遅く、しかも長寿である。若者が持つぶしつけな荒さはとれ、円熟に向かって昇りつめようとしているワインだった。素晴らしいそして優雅なブーケに続くその味わいは、精妙そのもので、深さと洗練を身にまとっていた。ラフィットならではの風格で人の心をゆり動かす、まさにグラン・ヴァンだった。

　ラフィットほどでないが数多く飲んできたムートンは、率直にいわせてもらうと失望することがしばしばだった。その多くは若すぎたからだということを悟ったのは、ある機会からである。幾人かの飲み仲間と古酒を飲む会を続けていたことがある。あるとき、そのメンバーのおごりで栓を抜いたのは、とっておきの一九四五年だった。パリの稀覯ワイン商、トゥーストラップ君から手に入れたものだった。飲んだのは確か一九九四年頃だったから、五十年近くの歳月を壜で眠っていたことになる。

　色はもうかなり褐変していて、ルビー色も褪せてきてかなり茶褐色を帯びていた。こうした古酒はデカンターをしないし、香りはグラスに注ぐとすぐに変わってくる。それにしても素晴らしいワインだった。というより、もはやワインではない神秘的な飲みもののようだった。

　あの第二次大戦が終わった年の、世紀の当たり年のワインだったはずだが、昔の美貌と栄華を歳月の彼方に忘れてきたような枯淡の味わいに変貌していた。しかし、しっかりした生気《セブ》は失っていなかった。まだグラスの中で生きていた。熟成香《ブーケ》と味わいは、やはりラフィットと同じように精妙で、ただ深く澄みきっていて、あらゆる俗なるものを除きすてた、ワインの諸エッセンスが絶妙なバランスをもって凝固・結晶していた。

列席者のひとり、ふだんは饒舌な山本益博氏も黙り、それぞれの口から出てくる言葉は、賞賛というよりため息だった。美は沈黙を生んだのである。

第Ⅳ章

ローマ提督と白い馬

オーゾンヌとシュヴァル・ブラン

三つの河のワイン

スペインとの国境、ピレネー山脈に源流をもつガロンヌ河と、フランスの中央高地《マッシフサントラル》から流れてくるドルドーニュ河は、合流してジロンド河となり、大西洋に注ぐ。ボルドー市は、二つの河の合流点の少し上流、ガロンヌ河の左岸になる。

ガロンヌ河のボルドー市より上流左岸にグラーヴ地区があり、下流のガロンヌ＝ジロンド河左岸がメドック地区になっている。

ドルドーニュ＝ジロンド河の右岸には、上流から下流へとサンテミリオン、ポムロール、フロンサック、ブール、ブライエ、と続いている。（二三三頁の地図参照）

今日でこそ、このYの字型をした三つの河の流域ワインは、ひっくるめてボルドー・ワインと総称されているが、昔はそうではなかった。ボルドー港から積み出されてこそ「ボルドー・ワイン」で、ガロンヌ＝ジロンド河沿い、つまり左岸のワインだけだった。ドルドーニュ＝ジロンド右岸のワインは、それぞれ右岸沿いの港から積み出されていたのでボルドー・ワインではなかった。なかでもサンテミリオンとポムロールのワインは、近くのリブールヌの町から船積みされていたから「リブールネ」と呼ばれ、ボルドーの手強いライバルだった時代もあった。ブールとブライエにしても、ボルドーより下流だから英国船にとってそちらのほうが便利だったし、有名だった時代もあった。

いろいろな歴史的事情から、それぞれ英国の王朝と結びついていたが、ボルドーは「欠地王」ジョンと結びついて船積みの特権を確保してから、飛躍的大発展を遂げるようになった。リブールネが時流に乗り遅れ、ワイン貿易上のウエイトが低くなると、ボルドー市の業者たちはあれやこれやと右岸ものいじめをやったり、小物扱いしたりした。

ボルドーとリブールネが、鉄橋で（中間にあるアントル・ドゥー・メール地区を貫いて）結ばれ、ひとつの経済圏になっていくのは十九世紀後半に入ってからなのである。一八五五年に、ボルドー市がナポレオン三世から万国博覧会に出品する優れたワインを選んで格付けするようにと命令を受けたとき、ボルドー市の連中がサンテミリオンを無視したのはそうした事情からだった。

右岸の古都サンテミリオン

ドルドーニュ＝ジロンド右岸沿いで、世界に知られているのはなんといってもサンテミリオンである。ポムロールが正式に独立した地区名として認められるようになったのは一九二八年以降で、それまではサンテミリオンに含まれていた。

現在ポムロールは、サンテミリオンにとっては内輪から出た最大のライバルだし、その下流のフロンサック地区も目が離せない存在になりつつある。

それにしても、サンテミリオンは、左岸のメドック、グラーヴとは、いろいろな面で張り合える右岸の代表選手であり、ライバルであることには変わりがない。赤一辺倒の純血派で、白にはまったく色目を使わない。

もし、ワインにまったく興味のない人がボルドーを訪れたら、左岸地帯は面白くないところだろう。ボルドー市にしても、古い城門と寺院が二、三あるだけで、市民自慢の旧王宮や大劇場も、現在では古びた建物でしかない。大広場公園と、高級店がいくらもない目抜き通りと、野暮ったい繁華街以外は、全体に殺風景な街である。メドックやグラーヴにしても、ワインのシャトーを除けば、美しいというようなところではなく、観光遺跡といえば、モンテスキューのシャトー・ブレドくらいである。

ところがサンテミリオンは、見て歩くにはとても楽しい。観光業者なら当然こちらに軍配をあげるだろう。近代化の嵐に荒らされなかった古い街が教会を中心にこぢんまりとかたまっている。苔の生えた橙色の瓦葺きの屋根が不規則に連なり、その下には古びた石造りの家がひしめきあっている。狭い丸石敷きの小道や、風雨に削られて崩れかかった壁は、時の流れが停止してしまったかのようなたたずまいである。しかもなんとなく、街中からワインの香りがただよってくるようで、ブルゴーニュの古都、ボーヌに似た浮き浮きする雰囲気がある。

この狭い街に小粋な食べものを出す小料理屋も何軒かあるし、名物料理八ツ目鰻のシチューにもありつける。日本でも流行ったカヌルーはここの名物菓子。お寺の下に崖から入れる洞穴があって礼拝場になっていたが、残念ながら今は立入り禁止である。

こんな風情が残っているのも古い歴史があるからで、中世ヨーロッパでスペインのはずれサンチャゴ・コンポステラへお参りに行く巡礼が大流行した時代、ここは大切な宿場町だった。ブルターニュ出身のお坊さんで、巡礼に行く途中ここが気に入って居ついてしまい、後に聖人に昇格した聖《サン》エミリオン様が住んでいたのが、お寺の下の洞窟だったのである。

ボーヌに似ているといえば、サンテミリオンのワインは、しばしば「ボルドーでありながらブルゴーニュ的ワイン」と呼ばれる。ブルゴーニュ・ファンにすればほめ言葉だが、メドック心酔派にとっては貶《けな》し言葉になる。

確かにサンテミリオンのワインは、メドックの上物に比べると、総体的に色も明るく薄く、口当たりが柔らかくて酒肉はそう厚くなく、渋味が強くなくて、酸味がすっきりしている。そうした点でブルゴーニュに似ていなくはないが、やっぱりボルドーだといえる性格を持っている。

気立てのよい下町娘

サンテミリオンのワインが左岸のメドックと違ったものになったのは、基本的には地勢の違いで——地勢が違えば土地に合う葡萄も違ってくるから——葡萄の使い方も違っている。

メドックの畑は、基本的に河沿いの平坦地で、土質は砂利がまじった砂と粘土質である。サンテミリオンの畑は、河沿いといっても、丘陵斜面とその上の高台にある。土質も石灰岩系になる。ただ同じサンテミリオンでも、高台の内陸部側には砂利の多い部分もある。ということは、同じサンテミリオンでも、二つの違ったタイプのワインが生まれるということを意味している。使う葡萄はメルロが主体で、補助に使うカベルネ種もカベルネ・ソーヴィニヨンよりカベルネ・フラン（地元名はブーシェ）が多い。

こうした違いがサンテミリオンのワインをメドックと異なったものにしているのだが、飲み手の立場からいわせてもらうと、サンテミリオンのほうが気軽に飲めるタイプで、しかもメドックより早く飲める。メドックのようにお高く止まったようなところがなく、街も陽気ならワインも明るい。メドックが山の手の御令嬢なら、サンテミリオンは気立てのいい下町娘である。

サンテミリオンは、かなりの量のワインの生産地で、年産二百八十万ケース近くのワインを出している。なお、サンテミリオンの後背地に、村名の後にサンテミリオンと付く準サンテミリオンといえる地区（たとえばモンターニュ）があって、このほうは年産二百二十万ケースくらい。オー・メドックが年産二百万ケースくらいだからかなりの量である。

サンテミリオンの難点は、零細生産者が多いことだ。公認の約七〇〇〇ヘクタールの畑から（実際に耕作中の畑は五四〇〇ヘクタール）千軒を超す生産者がワインを造っている。そのうち持ち畑が二五ヘクタール以上のところはわずか二十軒しかないし、一二ヘクタール以上が約八十軒である。この合計百軒以外になると、各自の持ち畑は一二ヘクタール以下になってしまう。しかも二百三十軒くらいは一ヘクタール以下という状況である。

零細生産者の多くは、協同組合に参加したり、ネゴシャン（醸造・輸出業者）に樽売りしたりしている。猫の額くらいの畑にしがみつき、おんぼろ家屋内の設備でワインを仕込み、ラベルにシャトー名をうたって出しているところが無数にある。しかもラベルには「グラン・クリュ」を名乗っているのだ（後述の格付けに入らないシャトーでも、グラン・クリュを表示できることになっている）。

メドックの格付け制度の栄光がうらやましくて、一八五五年から百年たった一九五五年に、サンテミリオンでも格付け制度をつくった。ところが、複雑な事情があって、正確に説明しようとすると非常に厄介である。

ごくおおざっぱにいうと、サンテミリオンの格付けは三つのランクに分かれる。まず別格級シャトーが二つ。次にプルミエ・グラン・クリュ・クラッセが十二ほど。プルミエがつかないグラン・クリュ・クラッセが七十ほどである。

つまり、別格の二シャトーを別にすると、十くらいの特級シャトーがあり、六、七十くらいの一級シャトーがあるということなのである。こまかなことは、巻末の表を見ていただきたい。

この格付けものはラベルのグラン・クリュの表示の後に、クラッセ Classés という文字がついているから、上級品かどうかはまずこれで見分けがつく。もっとも例外のない原則はないから、クラッセのついていないシャトーの中にも逸品はいくつかある。しかしそのシャトーをよくよく知っているのでなければ、サンテミリオンにかぎっては、グラン・クリュの表示にまどわされないことだ。消費者にとって悪くない話だが、サンテミリオンの格付けは十年ごとに見直することになっている。

今までのところ、実際には十年ごとに行なわれていないが、現に昇格したところと降格したところが出ている。昇格したところは鼻を高くして宣伝にこれつとめているが、落とされたところは頭にきて訴訟沙汰に持ち込む悲喜劇が起きている。メドックのように格付けにあぐらをかいて御家安泰を決め込んでいるわけにはいかないから、上級シャトー間のライバル合戦はきびしい。

別格の二大ライバル

といっても、他がなかなか追い越せないのが、別格特級の二つのシャトー、オーゾンヌとシュヴァル・ブランである。

サンテミリオンは地質的にみて、斜面・石灰系質部分と高台・砂利質の部分との二つに分かれるといったが、この二シャトーはそれぞれそのブロックの代表選手でもある。この二つのダントツ級のシャトーは当然サンテミリオンにおける二大ライバルで、酒質やタイプがきわだって対照的である。飲む側の好みによって贔屓《ひいき》がはっきり分かれるから、双方の応援団の合戦はなかなかにぎやかである。

オーゾンヌは、歴史の点ではメドックより自慢できるシャトーである。フランスが野蛮とみなされていたガリアの時代、ボルドー出身の学者オウソニウスはローマに赴き、グラティアヌス皇帝の幼年時代の教師だった縁から抜擢されてガリアの長官になり、後に元老院議員にまで出世している。

　赴任地は、ガリアの首都、現在のトリールだった。トリールはドイツワインの名産地モーゼルにあるが、この提督はモーゼルのワインよりサンテミリオンのワインに想いを馳せて詩に歌ったという言い伝えが、地元の自慢の種である。提督は赤ワイン党で、モーゼルにいい赤ワインがなかったからかもしれない。オウソニウスが愛した荘園がこのあたりにあったという伝説からその名にちなんだのであって、現在のシャトー・オーゾンヌの地に、オウソニウスが実際に住んでいたわけではない。

　ただ、ここの斜面畑はローマ時代のものであることは確かだし、近年すぐ近くにローマ時代の邸とおぼしき遺跡が発掘されて、地元の人たちは色めきたっている。真相は歴史の彼方に霞んでいるが、オーゾンヌのワインが優れていることは早くから認められていた。

　一七八一年頃から、ここがオーゾンヌと呼ばれるようになったが、メドックの一八五五年の格付けに先行するシャルル・コックという人の格付け表に右岸もののトップ級としてシュヴァル・ブランと並んで顔を出している。このリストのときは隣り畑のベレール（現在同じ所有者）のほうがトップだったが、十九世紀後半からその内容を充実し、二十世紀の初頭には王座の地位を確立した。

　ここの古い邸と庭は立派なもので、塔のような切妻屋根はサンテミリオンのシンボルとなっている。また、ここの地下蔵は崖下の堅い岩盤を掘った洞穴で、巨大な自然石の石柱は人を圧倒するような威容を呈している。

シュヴァル・ブランのほうは、オーゾンヌのような歴史を持たない。いつも白馬《シュヴァル・ブラン》に乗っていたアンリ四世が、故郷のポーへ帰る際にここの宿場を乗り継ぎ場にしたという伝説にちなんでその名をつけただけである。ボルドーのトップ級としては新顔で、その地位を確立するようになったのも十九世紀の後半から二十世紀の初頭である。それというのも、ここはもともと地元の名家シャトー・フィジャックの領地の一部だった。

十九世紀の初頭、一部が分割されてデュカッス家に譲渡され、それが同家の娘の持参金としてフールコー家のものになった。以後、同家が次第に畑を広げて今日のようにしたもので、シュヴァル・ブランの名前をつけたのも、一八五四年になってからである。以来、同一家族がずっと所有し続けた点では、ボルドーでも数少ない例になる。

建物も広壮なシャトー風ではなく地味だが、尖塔と小教会もついている。名前を辱めないためか、内部は真っ白に塗られ清潔に磨きたてられている。オーゾンヌのほうは斜面の頂上の縁にあってあたりを見渡せる地勢にあるが、こちらのほうは周辺は平野畑になる。ポムロール村との境界に近く、すぐ隣りに名シャトーのラ・コンセイヤントとレヴァンジルがあり、少し彼方にペトリュスがあるのが見渡せる。そのせいか、ワインもポムロールにどこか似たところがある。

使う葡萄でいうと、オーゾンヌはメルロ六〇％、カベルネ・フラン四〇％だが、シュヴァル・ブランのほうはカベルネ・フラン五七％、メルロ三九％で、それにマルベック三％、カベルネ・ソーヴィニヨン一％を加えている。

葡萄の比率だけからみると、オーゾンヌのワインにはメルロ、シュヴァル・ブランにはカベルネ・フランの特徴が出てもよさそうなものだが、必ずしもそう単純に割り切れない。やはりワインは、畑の土質と、造り手の哲学とが造りあげるものだということを物語っている。

オーゾンヌのワインは繊細と洗練がきわだっていて、それに抑制された力強さが秘められている。濃縮されたといっていいような複雑な香りと風味が舌の上で優美な舞いを舞うようである。一見、おとなしそうな印象でありながら寿命は驚くほど長く、右岸地帯でこれほど長い熟成を続けるワインは他にない。

シュヴァル・ブランのほうは香りが高く強烈で、香草風《スパイシー》といわれるように華やかだが燻香のような特徴があるから、他のものとの区別がつく。酒軀《ボディ》は実に豊《リッチ》かで、バターのように滑らかである。しっかりしたタンニンのバックボーンに支えられ、総体的に力強く、いわば活力にあふれている。そうした印象からすると長寿であってもよさそうなものだが、そうは持たない。

といっても、二十年や三十年までは見事に成熟した姿を保ち続ける。この寿命の点を別にすれば、オーゾンヌとシュヴァル・ブランの関係は、メドックのラフィットとムートンの関係と似たところがある。

オーゾンヌとシュヴァル・ブランは、サンテミリオンの二大ライバルでありながら、かたや老舗の余裕、こなた新興の活力を誇っている感じである。ただ、ここでも、首位の座をねらう後続部隊があって、オーゾンヌのほうはマグドレーヌ、シュヴァル・ブランのほうはフィジャックという強敵が間近に迫っている。

それだけでなく、このところ別の新興勢力の台頭が顕著である。従来それほど高く評価されていなかったトロロン・モンドとラ・ドミニクがめきめき腕をあげて老舗級のカノンやトロットヴィエイユを追い越そうとしているし、最近はランジェリスの評価も高い。

それどころか、格付けに入っていなかったテルトル・ロットブフ（〝焼ける牛〟という奇妙な名前）が突然ダークホースのように現われて話題を呼んだり、ヴァランドローというまったくの新入りがトップ級以上の高値を呼んで大騒ぎになっている。

ヴァランドローの評価については毀誉褒貶、賛否両論である。確かにリッチでパワフルだが、そうした面を強調しすぎる造り方は、サンテミリオン本来の個性を殺すことになりはしないかというのは杞憂派の主張である。私も個人的にはそうした意見に与《くみ》したい。

いずれにしても、サンテミリオンのライバル合戦は目下、混戦状態といってよいほどだが、飲み手としては、戸惑わされると同時に、その見事な合戦ぶりをぞくぞくした気持ちで眺めることもできる。

孤高の名酒

シュヴァル・ブランのファンからお叱りを受けそうだが、どうも私と相性がよくない。何回となく飲ませてもいただいたのだが……。あの燻香を帯びたような強烈な香り、実にパワフルな酒軀。いつもシュヴァル・ブランはたいしたワインだと感じさせる。しかし、グラン・ヴァンが本来、持っているはずの並はずれた洗練を感じさせる壜にめったに当たらない。おそらく壜の保存状態とか、飲んだときの条件が悪かったからだろう。そういえば、これを飲んだのはいつも日本で、フランスではほとんど飲んでいなかった。

一九九〇年にピエール・カステジャさんのシャトー・ドワシイ・ヴェドリーヌで素敵な羊のグリエの後でいただいた六六年ものは忘れられない味で、そのとき出されたムートンの七〇年より断然よかった。もう一度はボルドーの名レストラン「シャポン・ファン」でおごられたことがあったが、そのときは相手が酒商で話が生臭かったたし、料理にも失望した。

サンテミリオンは、構えて飲まなくてもいいから好きである。忘れられない何本かの壜、トロットヴィエイユとかカノンとか、ベレールやマグドレーヌに出会ったことがある。また、最近のドミニクとかトロプロン・モンドの素晴らしさには驚かされている。ヴァランドローは飲んだというほど飲んでいないから論評は遠慮したい。

それにしても、オーゾンヌはやはり別格である。ここの地下蔵は、丘の岩盤を刳《く》りぬいたもので、巨大な天然の石柱が並ぶ古い洞穴の中に、酒樽がひっそりと眠っている。そこでは時間が止まっていると感じさせるだけでなく、なんとなく人を圧倒する雰囲気をもっている。なにものおわしますかはしらねども、かたじけなさに涙こぼるる……という厳粛な気持ちになる。
オーゾンヌを飲んで、いつも感じさせられるのは、そうした特有の情感である。神々しいともいうべき格調の高さ、品位がある。

もともと、サンテミリオンの上物ワインは、メドックの格付け高級ワインのように、つんとすましたところがない。深み、奥行き、複雑さは、それぞれ兼ねそなえているのだが、なにかやさしい。それがまた飲み手の心をくつろがせるサンテミリオンの魅力となっている。

ところがオーゾンヌだけは別格で、凛として、俗に媚びない高尚さをそなえている。ワインは、だいたい、親しい人としゃべりながら飲むのが楽しいのだが、オーゾンヌは、「ひとり静かに飲むべかりけり」という例外的なワインである。ある時、サンテミリオンのジュリアードという、いわばワインの騎士の叙勲を受けたときに、オーゾンヌの庭に設けられた仮設の会場でのグラン・クリュ・ディナーの祝宴に招かれた。当然、最後にオーゾンヌ（一九六六年！）が出たのだが、陽気で騒々しい食卓でのグラスのワインは、実に艶やかな色調、繊細でデリケートな醸成香《ブーケ》をそなえ、口に含むと春の海のようにゆったりとした味わいだったが、なにか後味に精妙さを感じさせなかった。やはり、オーゾンヌは孤高の名酒なのである。

第V章

聖人ペトロ様と十二使徒

ペトリュスとルパン

サンテミリオンの弟

ポムロールは、サンテミリオンの西側、地続きの地区で、リブールヌ市のすぐ裏手に当たる。ここはもともとサンテミリオンの一部とみなされていた程度のところだったが、十九世紀の後半になって特色を現わすようになり、一九二八年から独自の地区となった。サンテミリオンにいわせれば弟分のような存在だが、のんびりした惣領の甚六と威勢がいい次男坊の組み合わせ、といった様子で、このところめきめき評判をあげている。ここも赤一辺倒。

ポムロールのワインはトリュフのにおいがするといわれているが、私の鼻が悪いせいか、それを嗅ぎ当てたことはめったにない。

ここは高台の平坦な地勢で、地平線が見渡せるような葡萄畑の景観はフランスとしても珍しい。サンテミリオンのような丘陵を形成する石灰岩塊の露頭は姿を消し、深い砂利の累積に被われているが、鉄砂岩が風化した砂がそれにまじり合っている。この土質がワインに微妙な影響を与えている。粘土に砂利と砂がまじり合っているから、雨でも降るとコンクリートのようにおそろしく固くなるそうで、当地の有名なシャトー・トロタノワも、「耕すのがやっかい」という意味だそうな。

高台という地勢のため、気候はメドックなどに比べて寒く、晩霜や収穫期の雨に襲われやすい。そのせいもあって、植えられている葡萄は寒さに強いカベルネ・フランや、早育・早熟のメルロが主体となっているが、それでもときどき手痛い晩霜の被害をこうむっている。

観光的にいえば兄貴分のサンテミリオンにはとてもかなわない。シャトー・ド・サルを除いてメドックのような立派な邸館《シャトー》もなく、ヴュー・シャトー・セルタンと二、三の建物がどうやら観賞に耐えるだけである。どのシャトーもぱっとしない平家建ての農家風の建物である。ただ、中世の巡礼地だった名残りがシャトー名に残っていて、キリスト教にちなむ名前が多い。十字架《クロワ》を意味するものが七つ、聖堂《エグリズ》が付くのが四つ、聖人名を付けたのが四つ、福音書《エヴアンジル》、宗教騎士団《コマンドゥリー》、牧師《パストウール》までである。平凡な田園風景が続くこの村を知らずに通ったら、有名なペトリュスすらよほど注意しなければ気がつかないだろう。外観からはどうみても名酒の故郷という感じはない。

生産地区としては、サンテミリオンよりはるかに狭く（約七八〇ヘクタール）、生産量も少ない（年産約二〇万ヘクトリットル）。ただ生産者が中小零細な点はサンテミリオンに似ている。百七十を少し超す生産者のうち、二〇ヘクタール以上の畑を持っているところがわずか四シャトーで、逆に三ヘクタール以下が九十六、そのうち一ヘクタール以下が五十ほどというのであるから、その規模の想像がつこうというもの。

ここでダントツに耕作面積が広いというシャトー・ド・サルにしても、わずか四八ヘクタールくらいで、メドックのトップのシャトー・ラフィットの半分もない。といっても、一般にワインのレベルは高い。小粒でも粒ぞろいで、気位が高い。ここは、ネゴシャンに荒らされていないし、協同組合もない。生産者の誇りが高くて、自分のワインが他のとごちゃまぜにされるのが嫌なのだ。ほとんどが自家壜詰め・自家名でワインを出している。その数はかなりあるが、サンテミリオンほどではないし、ひどいばらつきがないから安心して手を出せる。ただ最近は需要が多く供給が少ないため、一般に割高についている。メドックのブルジョワ・クラスほどの品質でないものまで、それを超す値がついているのは問題だろう。

　また、サンテミリオンが格付け騒動でごたごたしているのを尻目にかけるように、ここでは今日まで断固、格付けを拒否している。そんな制度のお世話になる必要がないと考えているのか、あそこより自分のところが低いというような評価をされたりするのはもってのほか、と思っているのだろう。

　酒造り屋の親爺のほうはそれでいいとしても、飲み手の側としてはいささかやっかいである。優劣の判断をする手がかりになりそうな公的なシステムはなにもないし、いろいろなワイン・ブックが独自の評価をしていて結果はまちまちだから、どれを選んだらよいかは難しい問題である。またここもサンテミリオンと同じように後背地に準ポムロールといってよいラランド・ポムロール地区があり、そこからもそう見劣りしないワインを出している。

　ただし幸いなことに、ポムロールは上級シャトーと目してよいものは三十くらいしかないから、おおよその見当はつく。私は——まったく個人的にだが——十二傑・十雄という私的《プライベイト》ランクをつくっているから、読者の参考までに章尾に紹介しておこう。

　こうした状況はなにを意味するかというと、プティ・シャトー間の競争がきびしく、ライバル意識が強いということである。格付けにあぐらをかいて、のほほんとしているわけにいかないのだ。格付けがないことと各シャトーの規模のレベルにそう違いがないことが、シャトー間の競争を熾烈にし、全体のレベルをあげているのかもしれない。

聖人ペトロ様とマダム・ルパ

そうしたポムロールのなかで異彩を放つのは、なんといってもシャトー・ペトリュスである。あまりにも有名だから、ポムロールということは知らなくても、シャトー・ペトリュスの名前を知っている人は多い。聖人ペトロの名にちなんだペトリュスは、ポムロールの牽引車的存在でもある。ボルドー全体のなかでしばしば最高の高値がつき、シャトー・ラフィットやマルゴーを抜くことがある。

日本の市販価格を一九九三年ものを例にとってみると、ラフィットが二万五千円から三万円台くらいだが、ペトリュスのほうは五〜六万円くらいしている。ペトリュスを貶めるためにいうわけでは決してないが、ペトリュスとラフィットを比べて、その値段ほどペトリュスのほうが優れているというわけではない。その点は、ロマネ・コンティとまったく同じで、生産量が少ないことと、最高の値段のワインあさりをする拝金主義のワイン俗物《スノッブ》や大金持ちが、そうした高値づくりに一役買っているのだ。

案外のようだが、シャトー・ペトリュスは、ボルドー・ワインでは新参者である。頭角を現わしてきたのは一八八九年、実際に有名になったのは第二次大戦後である。一八五〇年代にシャルル・コックという人が作った当時としてはかなり有名なボルドー・ワインの格付け表では、ペトリュスどころかポムロールの名前も出てこない。この格付け表の一八六八年版になって、やっとポムロールの名前が現われて、十七のシャトーがブルジョワ級としてリストアップされている。このときのリストのトップはヴィユー・シャトー・セルタンなのである（二位がトロタノワ、三位がペトリュス）。

シャトー・ペトリュスの令名は、まさに世紀の成功物語《サクセス・ストーリー》であり、それをやってのけたのは、ひとりの女傑だった。いうまでもなく、ある傑出した逸品のワインが生まれるには、いろいろな要因が重なり合っているわけで、とりわけ畑の地勢と土質は決定的要因である。

ペトリュスの畑は、ポムロールのなかでは標高がやや高い（といっても、ポムロール地区の平均標高は三六メートルくらい。ペトリュスは四〇メートルだから、わずか三、四メートル高いだけ）。すぐ近くにサンテミリオンの西端にあたるシュヴァル・ブランがあるが、そのあたりからポムロールにかけての畑の土質は基本的に砂利層である。

ペトリュスの畑を外見で判断するかぎり、表土は若干の砂を含む粘土質である。ところが地表から七〇センチほど下がるとこれが青灰色の土質層に変わり、さらにその下一メートルの底土は砂利層になっている。鉄分を多く含んでいて、「鉄の垢《クラス・ド・フェール》」と呼ばれる特異なものである。こうしたことは、名声が確立してからその謎を探ろうと土質の掘削調査をしてわかったことで、以前から気付かれていたわけではない。

まったく無名に等しかったペトリュスが、そのヴェールを脱ぐ大事件が起きた。

一八八九年のパリの博覧会で、並いるシャトーを尻目にペトリュスが金賞をさらってしまったのである。以来、驚いた好事家たちが目を付けるようになるものの、それでも限られたごく一部の人たちだった。量も少なかったし、値段もメドックの格付け第二級程度だった。

ワイン・ブックのはしりといえば、一九二〇年にセインツベリーが書いた「酒庫覚え《ノート・オン・ア・セラー・》書《ブック》」(二〇一頁参照)。これは当時の名酒とおぼしきものをいろいろ飲み、書き記したものだが、ペトリュスの名前は出てこない。

そこへ現われたのがマダム・ルパである。リブールヌのちょっとしたホテルの肝っ玉おばさんで、他人の面倒をよくみていたから地元では人気があった。主人がひょっとした縁で一九二〇年代にペトリュスの持分権の一部を買い、主人の死後、マダムが次第に買い増して、第二次大戦終結の一九四五年に、完全なオーナーになった。

フランスでワインのプロモーションに活躍した女性がいないわけではないが――シャンパン界のマダム・ポメリーや未亡人《ヴーヴ》クリコなど――マダム・ルパほどきわだった活躍をした人はいない。

彼女のねらいは、フランスの上流社会にペトリュスを認知させ、外国でもその名声を確立することだった。そのために彼女はエネルギッシュな活動を展開した。英語がしゃべれなくても単身イギリスに売りこみに行ったときの豪傑談など、多くのエピソードが残っている。宣伝広報活動なら誰でもやれるし、やっている。マダムのすごさは、ペトリュスは世界最高だと確信し、その信念を持って行動したところにある。

マダムは自分のペトリュスのワインを、メドック格付け第一級のラフィットやラトゥール以下の値段では決して売らなかった。もちろん、そんな高値を付けたワインを買ってくれる人は物好きだけだったろうし、多くの業者は取り扱いを拒否しただろう。それでなくても身分序列がやかましく、口うるさいフランス——ことにボルドーの酒業界は保守的だった——のことだから、冷笑や侮蔑の嵐に囲まれた。

誹謗中傷をものともせず、マダムは自分の信念を守りぬいた。そこへ有力な助っ人が二人現われた。一人はリブールヌきっての酒商人ジャン・ピエール・ムエックス。マダムの信念に共鳴したピエールは終始彼女を支援し、その独占販売業者となり、販売路線を定着させていった。そして、マダムの死後はペトリュスを買いとり、最高の名声にふさわしい品質維持に腐心した。そして彼女の偉業を完遂させたのである。

もう一人はニューヨークのレストラン「ラ・パヴィヨン」のオーナー、アンリ・ソーレ。世界中の名士や大金持ちが出入りするこのレストランで、ペトリュスを特選ワインとして扱った。やがてペトリュスを飲むことがアメリカ上流階級のステイタス・シンボルとなり、今でもアメリカはペトリュスの大得意先である。

マダムが単なる宣伝ウーマンでないことを示したのは、一九五六年ボルドーに世紀の大冷害が襲ったときのことである。厳冬のため、ポムロールでも葡萄は根まで傷められて枯死し、ほとんどのシャトーは葡萄を根こそぎ引き抜いて新しい苗に植えかえた。しかしマダムはペトリュスの畑をそれこそ這うようにして調べ、完全に死んでいない古株に若い枝を接木させた。専門の技術家はそのようなことをしても無益だと冷笑したが、接がれた株のほとんどは蘇生し、その後のペトリュスの名声維持に大きく役立ったのである。

ペトリュスに匹敵するもの

ペトリュスの華やかな成功の蔭となって、それほど知られていないが、ペトリュスに勝るとも劣らない秀れたワインを出すシャトーがポムロールにはいくつかある。

同じムエックス家が所有しているトロタノワは――ロマネ・コンティの弟分ともいえるラターシュと同じように――ペトリュスの秀れた弟である。熱狂的ファンが多いが、最近でいえばロシアのピアニスト兼随筆家兼ワイン鑑定家ともいえるアファナシエフもトロタノワを好む一人だ。

フランスの専門家によるボルドーの一流シャトーのブラインド・テストで、第一位の栄冠を最近勝ちとったのはレヴァンジルである。レヴァンジルの隣りのヴュー・シャトー・セルタン(いずれもペトリュスのすぐそばにある)は、かつてはポムロールのトップだったが、今はどちらかというと軽視する人が少なくない。私もそのひとりだったが、あるとき、シャトーを訪れ、ここのワイン造りの哲学を聞いて認識を改めさせられた。

「私はワイン・ジャーナリズムや評論家がほめそやすような、いかにもグラン・ヴァンでございます、という大物ぶったワインを造りたいとは思わない。食卓で料理の本当の友となり、食事をしながら人びとが楽しんでくれるようなワインを造っている……」と。そういわれると、ここのワインは地味でひかえめだが、しみじみと「ワインはおいしいなあ」と思わせるようなワインである。

メドックの格付け第一級の五つのシャトーが、ボルドー最高のワインで、最高の値がつくというのが伝統だった。そこにサンテミリオンのオーゾンヌとシュヴァル・ブランが割りこみ、さらにペトリュスが彗星のごとく現われて、この八つのシャトーがボルドーの最高の品質、最高値ということでおさまった（白のイケムは別として）。そしてこの栄光の座は永久に揺がないだろうと誰もが思いこんでいた。

ところが、一九八〇年代に入ってボルドー、いや世界のワイン界をあっと驚かす衝撃的事態が発生した。ある無名のワインが登場し、あれよあれよというまに、ロケットのごとくその値が跳ね上がり、ペトリュスを追い抜いてしまったのだ。しかも、それがワイン評論家やワイン・ジャーナリズムが持ちあげたのではなく、ボルドーの業界、ワインのプロたちが値段を造りあげたところが面白い。そのワインこそ、シャトー・ルパンである。

このワインを生む畑のあたりにはその名前の通り一本だけ松《ル・パン》がぽつんと立っている。シャトーとおぼしき建物はいくら見回してもなく、ぼろ家が一軒あるだけである。このワインの造り手は実はヴィユー・シャトー・セルタンの持ち主ティアンポン家だったのである。当世のワイン界が、ある種のタイプのワインに走りすぎ、それだけをちやほやするのに頭にきたのだろうか、自分でも造る気にさえなればそうしたワインを造れるのだ、ということを示そうとしたのかもしれない。

現在、ペトリュスとルパンというPがつく二つのシャトーが、ポムロールで最高値を呼ぶワインになっている。

ただ、二大ライバルにもかかわらず、ムエックス家のクリスチャンも、ティアンポン家のジャックも、若く、おだやかな紳士で、ライバル意識をむきだしにするということがない。応援団の論争が騒々しいだけである。

シャトー・ペトリュスの饗宴

何回かペトリュスを訪れたが、うち二度ほど食事に招かれたことがある。ペトリュスの醸造所があるシャトーは、試食所がついているだけの小さなものだから、宴はリブールヌの街の隣りのフロンサックにあるシャトー・ドファンだった。ここはムエックス家の迎賓館《ゲスト・ハウス》になっている小ぎれいなシャトーである。

一九九〇年のときは、鮭と仔羊料理の後でトロタノワの七五年とペトリュスの六七年をいただいた。このときペトリュスはまだ若すぎたが、トロタノワの七五年はおいしかった。

一九九一年のときは、ペトリュス九〇年のテストをした後で、軽いビュッフェをいただいた。そのときのワインはベレールのマグナム八一年、次にラトゥール・ア・ポムロールの八二年、そしてしめくくりがペトリュスの八九年だった。もちろん、何かの理由があって、このヴィンテージを出したのだろうが、いかんせんまだ若すぎた。それでも他のものに比べると、栴檀《せんだん》は双葉より芳しで、抜きん出ていた。

当主クリスチャンは日本文化に精通していた。俳句を好み、芭蕉が好きで、井上靖氏の心酔者だった。——後に来日されたとき井上靖氏を御紹介した。井上氏がお亡くなりになる直前だった——そんな話がはずむなかで、私はつい本心をしゃべってしまった。今日のペトリュスは若すぎないかとか、トロタノワのほうが好きだとか……。紳士であられるクリスチャンは微笑んで答えられなかったが、そのときの笑顔が今でも目に残っている。

ポムロールの十二傑

ペトリュス、ルパン、ラフルール、トロタノワ、レヴァンジル、ヴィユー・シャトー・セルタン、セルタン・ド・メ、ラ・コンセイヤント、レグリーズ・クリネ、クリネ、プティ・ヴィラージュ、ラ・フルール・ド・ゲ

ポムロールの十雄(十二傑につづくもの)

ラ・トゥール・ポムロール、ラ・フルール・ペトリュス、ル・ゲ、ラ・ボン・パストゥール、ド・レグリーズ、ガザン、ラ・クロワ・ド・ゲ、ラニクロ、セルタン・ジロー、ラ・グラーヴ・トリガン・ド・ボワセ

第Ⅵ章

甘い中のドライな合戦

ソーテルヌとバルサック

極上の白の甘口

赤ワインが健康にいいという話が火つけ役になって、この数年日本中に赤い炎が燎原の火のごとく燃え広がっている。白ワインは形勢が悪くなり、ことに甘口は門前雀羅《もんぜんじゃくら》を張ってしまっている。

いくら世の中が万事ドライになったからといって、ワインまでドライに偏ることはないだろう。長いワインの歴史のなかで、人類は甘口白ワインと仲良くつきあってきたのだ。辛口白ワインが主流になったのはごく近年、それも第二次世界大戦後のことである。

砂糖が今日のように日常使い放題になるまでは、甘口白ワインは人びとの生活をうるおす歓びの源泉だった。ことに極上の甘口は、王侯貴族の垂涎の的だった。

美食史上歴史に残るローマの『トリマルキオンの饗宴』のなかで、主人が自慢たらたら出したのはファレルノ葡萄酒だが、これは甘口白ワインなのだ。中世から近世にかけて名酒中の名酒として珍重されたのは、ハンガリーのトカイ・ワイン（エセンシア）、ドイツのトロッケンベーレン・アウスレーゼ、そしてフランスのソーテルヌだった。それに南アフリカのコンスタシアも有名だった。

この三つの世界最高の白ワインは、いずれも貴腐ワインである。この奇妙な造り方をするワインの由来について、シャトー・イケムにはある伝説が残っている。

昔は領主の命令がないと葡萄の摘み取りができないのがどこでもしきたりになっていた。ある年、御領主様が旅行をしていて、なんらかの理由から摘み取り命令が届くのが遅れた。畑の葡萄は熟しすぎて腐ってしまった。命令が届き、もう駄目だろうと嘆きつつ、その腐った葡萄を摘んで仕込んでみたところ、あら不思議、天の美禄のごとき絶妙の名酒になった……というのである。

実はこの伝説は、ドイツの貴腐ワイン発祥伝説の焼き直しらしく、シャトー・イケムの御当主自身、認めていない。むしろ、ラインガウ最高の名酒ヨハネスベルグに、まったく同じ挿話《エピソード》が残っていてこのほうが本当らしい。そのドイツも、どうやら貴腐摘み取りの技法をハンガリーのトカイから見習ったらしく、その意味ではトカイ・ワインが甘口貴腐ワインの本家らしい。

近世までトカイ・ワインの名声はたいしたもので、王侯貴族はそれが手に入るとなると目の色を変えたものだ。

もっとも、トカイ・ワインといっても、普通のものではなく、トカイ・エセンシアのことである。ハンガリーが社会主義国になり葡萄畑が国有化され、ワイン造りも国営になると、トカイ・ワインの名声は地に墜ちたが、最近ではヨーロッパの酒商――日本の酒商も――が目をつけて復興に資力を注ぎこんでいるから、近い将来、この甘口極上ワインの三大ライバルのひとつも不死鳥《フェニックス》のごとく甦るだろう。

貴腐の正体

貴腐ワインとは、葡萄に貴腐菌がついたのを摘んで仕込んだもので、以前は前記の三つの産地でしかできないと思いこまれていた。ところがそれに挑戦してみようと思う醸造技師がいないわけではなく、まずカリフォルニアで成功し鬼の首でも取ったように自慢していた。日本でもサントリーが成功しているが、他にも造ったところはある。実は造れないのでなく、造らないのだ。

貴腐菌というといかにもありがたく、ものものしく聞こえるが、実はどうということはない。どこにでもごろごろしている灰色カビ菌である。これが赤ワイン用の黒葡萄につくとワインが台無しになるから、赤ワイン造りの酒屋の親爺にとってはにっくき大敵なのである。

想像がつくように、この菌が葡萄に付くためには一定の湿度が必要になる。良いワインを造るためには、赤も白も、収穫期には太陽が照り、気候は乾燥していなければならない。収穫期の雨は——直前の適量の降雨は大歓迎だが——葡萄をぶよぶよの水ぶくれにしてワインを水っぽいものにするし、発酵上の難点にもなる。収穫期の湿度が高いと、赤ワイン用黒葡萄の場合は、強敵の灰色カビが蔓延する。

貴腐ワインを造る白葡萄の場合は、乾燥しすぎると貴腐菌が付いてくれないから、菌が発生しやすいだけの湿度が必要になる。さりとて多雨豪雨に見舞われると、せっかく貴腐菌が付いても葡萄は台無しになってしまう。しかも、貴腐菌というのはいっせいにぱっと付いて畑の葡萄のすべてを同時に貴腐状態にしてくれるわけではない。

同じ房の中でも、果粒によって貴腐菌がついても貴腐状態になる進行状況はまちまちである。黄色い粒に赤紫色の斑点が現われ、それが次第に広がって粒全体が紫色になり、やがて黄褐色の細毛に包まれて萎《しな》びた乾葡萄状になる。この灰黄色の粉にまぶされた乾葡萄状のものが貴腐ワイン用の葡萄になるのである。

同じ房の中の果粒でも、それぞれの段階の果粒が同居しているから完璧な貴腐ワインを造るためには、最後の段階に達した葡萄粒を使わなければならない。だから、房ごと摘むわけにはいかない。

適当に房摘みをする醸造元がないわけではないが、イケムのような極上の貴腐ワインを造るシャトーでは、熟達した摘み取り人（アルバイトは使わない）が貴腐状態になった葡萄を、刃がとがった特殊な剪定鋏を使って調子のいい粒だけを（病気になったのは除く）文字どおり粒よりして摘んでいく。平均して約四十五日間、五、六回に分けて摘む。途中で雨が降るといったん中止して果粒が乾くのを待つ（一九七二年のように七十一日間かけて、十一回も摘んだことがある）。

イケムでは約八十人くらいの摘み取り人が働いている。赤ワイン造りのメドックなどでは、一人が一日で一〜二樽分のワインになる葡萄を摘むが、ここでは一樽分になるまで摘むには五〜六人がかりである。八十人が一日がかりで、たった一樽分の葡萄しか摘めない年もあった。

こうしたことは何を意味するかというと、収穫期に湿気は必要だが、その約一カ月間雨が降ってては困るということと、おそろしく人手がかかり原価《コスト》が高くつくということである。つまり、特殊な立地条件に加えて、できあがったワインが高値で売れるという条件が必要なのである。

ワインの生産地は、一般に冬が雨期で夏が乾期の地帯が多いが、日本のように夏から秋が多湿の国では、収穫期に雨さえ降らなければ貴腐ワインを造ろうとすれば造れないことはない。しかし、手間ひまかけて造ったワインはべらぼうに高いものにつく。それでも売れるかというと、話は別である（サントリーの貴腐ワインは、売り出しの値が一本四万円近くについている）。

大統領もご愛飲

ソーテルヌ地区は特殊な地勢・気象である。地区の西側にシロンという小川が蛇行して流れているが、川辺に樹木が厚く茂って川を覆っている。そのため川の水は冷たい。それが温いガロンヌ河に合流すると朝霧を発生させる。収穫期の十月頃にこの地区に一日いるとわかるが、朝は靄がかかり、午前中は湿度が高い。午後になると陽光の下で高温になるという気温と湿度の変化に驚かされる。それが貴腐ワインを生む鍵だったのである。

この地区の葡萄栽培の歴史は古く、はるかローマ時代まで遡ることができるが、中世を通じて長い間に薄い赤ワイン《クラレ》しか出していなかった（ごく一部、お坊さんが甘口白ワインを造っていた）。十七世紀頃になると、オランダや北ヨーロッパ向けに――その地方からの注文があったのだろう——甘口ワインを出しはじめた。十八世紀に入ると、地元貴族の指導下に高級甘口白ワイン産地としての地位を確立するようになる。貴族だけが収穫技術や醸造方法の改良ができたし、資力を必要とする貴腐ワインを造りあげることができたのだ。

フランス革命直前に、ワイン旅行がしたくてフランス中を旅行し、ボルドーも通ったジェファーソン（アメリカ第三代大統領）はイケムを訪れ、一七八四年ものを二百五十本も注文している。帰国後、初代大統領ワシントンに届いたワインを飲ませたところ、そのおいしさに驚いた大統領が三十ダースも注文したという挿話《エピソード》が残っている。

革命後も名声は衰えるどころか、一部貴族だけが行なっていた収穫法と醸造法に加えて長期的熟成という手法も普及して、地区全体がその品質に磨きをかけるようになる。また、十九世紀後半には、貴腐ワイン造りに向いたセミヨン種の栽培も広がった。こうした背景があったため、一八五五年の格付けが行なわれたとき、全ボルドーの中で、赤はメドック、白はソーテルヌの甘口ものだけが格付けされたのである。

食前のバルサック、食後のソーテルヌ

今まで、ソーテルヌとひと口にいってきたが、正確にいうとソーテルヌは二地区に分かれている。ゆがんだ瓢簞《ひょうたん》のような形をしているこの地区のちょうどくびれにあたるところから北半分はバルサック地区になる。

バルサック地区のワインは、ソーテルヌの名前で出荷することもできるから、広い意味では両方ともソーテルヌである。本来のソーテルヌ地区は、起伏こそゆるやかだがいくつかの丘を含む地勢であり、バルサックのほうは平坦地である。

問題は地勢より土質で、本来のソーテルヌ地区は、基本的には粘土質の地層だが、それに砂利がまじっていて、場所によっては砂利が多く目立つ。その極端なのがレイヌ・ヴィニョーの畑で、小高い丘の天辺《てっぺん》なのに一面の砂利畑である。その昔、ピレネー山脈から運ばれてきたものだそうで、砂利が実に多彩である。もとの持ち主ロートン子爵は畑の小石の蒐集が趣味だったが、集めたものは白 青 玉《ホワイト・サファイヤ》、碧玉《ジャスパー》、瑪瑙《めのう》、縞瑪瑙《オニックス》、紅玉髄《コルネリアン》、玉 髄《カルセドニィ》、石英、水晶などを含む貴石の見事なコレクションになっている。

これに対しバルサックのほうはまったくの平坦地である。こちらのほうはスタンプ階の石灰岩の露頭になっていて、その上を石灰岩まじりの赤砂が表土になって覆っている。場所によってはこの表土が薄く、深さがわずか一、二メートルというところもあるそうで、そうした場所では葡萄が地中深く根を伸ばせない。こうした地質が当然ワインに微妙な影響を与えている。また、葡萄はどちらもセミヨンとソーヴィニヨン・ブランを使っているが、シャトーによってその比率が違うから、ワインも違った味わいになっている。

一般的にいうと、ソーテルヌは濃厚・豊潤、バルサックは繊細・淡麗である。ソーテルヌの蜂蜜のようなこってりとした甘さが好きな人と、バルサックの酸味が効いてくどくない甘味とさっぱりした口当たりを喜ぶ人がいる。好みと飲み方の問題で、よく冷やしたバルサックは食前酒《アペリチフ》としても素敵だが、ソーテルヌは食後にのんびりと飲むものだろう。

もっとも、フォアグラとソーテルヌは絶妙のコンビで、これくらいデラックスな感じを与えてくれる料理とワインの組み合わせはめったにない。ただ、これをコースの初めにやると、印象が強烈すぎて、後に出てくるワインがかすんでしまうというのが難点である。

上物のソーテルヌは他のものに負けない存在感を示すワインである。食事のメインコースでどんな極上ワインを出しても、食後にソーテルヌさえ出せば、美食美酒の終わりが尻すぼみになるということがない。だから、コースの終わりに極上ワインを飲むだけのゆとりのある人は、食後にソーテルヌを出すべきなのだ。

イケムを追うものたち

ソーテルヌの一八五五年の格付けはメドックとは違っている。まず、シャトー・イケムだけが別格の特別第一級になり、その次に第一級が十一シャトー、そして第二級が十四シャトーになっている。一八五五年当時と現在では名前と数に変動がある。ということは、シャトー間の競争が激しかったということだ。

第一級のトップにあるラ・トゥール・ブランシュは、その昔、イケムより高く評価された時代すらあった。ソーテルヌで貴腐ワイン造りをしたのは、ここが最初だったという説もある。

一九一〇年に持ち主が国に寄付したため農業学校の施設として使われ、名声は地に墜ちてしまった。ただ、一九八八年以降は、醸造担当者に責任と手腕を持つ人を就任させたので、目下名声を回復しつつある。

レイヌ・ヴィニョーも、イケムの手強いライバルだった。一八六七年のパリの国際品評会で、ドイツとソーテルヌの極上物のブラインド・テストを行なったとき、ドイツとフランスの審査員がいずれもここの一八六一年ものにトップの票を投じたことはいまだに語り草となっている。

しかし、旧所有者のロートン家が一九六二年に畑を手放し（邸は残した）、ボルドーの有力ネゴシャンのメストラザ社の所有になってからワインは一時期ひどい状況になった。イケムのライバルどころか、格付けに値しないとまで酷評された時代もあった。同社が反省したのか、八〇年代に入ってから貴腐ワイン造りに真剣に取り組むようになったため、目下名声挽回中である。

イケムがダントツの存在で、ライバルとなりそうな相手がいない状況が続いているが、それ以外になると競争は激しい。トップグループが競い合っている。

ソーテルヌの伝統的名酒はなんといってもスュデュイローとラフォリイ・ペラゲだ。

ボルドー市長も出した名門でソーテルヌきっての壮麗な邸とワインを誇っていたスュデュイローは、一時名声にかげりが出た時代もあった。一九九二年にＡＸＡ（最近日本にも進出した保険会社。ポーイヤック村の名門、ランシュ・バージュのカズ氏が牛耳っている）が買収し、荒れた邸と醸造所を徹底的に改修したので、第一級トップの座を維持している。

ラフォリイ・ペラゲのほうは、古い立派な城塞を残しているシャトーで、ボルドーの名門酒商コルディエ社の虎の子的存在。同社の誇りにかけて品質維持の努力を続けている。伝統維持、別のいい方をすると保守的なシャトーだから、絶対的な支持者の顧客層に支えられているが、ジャーナリスティックに騒がれることが少ない。

ところが、最近第一級のトップを争う強力なライバルが出現した。イケムの東隣りにあるリューセックである。ここを一九八四年にラフィット・ロートシルト家が買収、貴腐ワインの分野に乗り出してきたのだ。名手シャルル・シュヴァリエの陣頭指揮の下、目下名声とみに上昇、スュデュイローとトップの座を争うようになった。

面白いのはそれだけではなく、格付けもされていないダークホースが二軒現われたことである。ひとつはジレットで、ここは二十年もタンクで貯蔵熟成させないと壜詰め出荷をしないという変わり種で、それだけに絶賛する人と顔をしかめる人とに評価が分かれている。

もう一軒はレイモン・ラフォンで、ここはイケムの北隣りの畑で、イケムの支配人だったピエール・メスリエが一九七二年に買って酒造りに専念するようになったといえば、その酒質は想像がつこうというもの。現在世代が代わり、ヤングの兄弟が父の遺志と信念を継いでいるが、ワイン・ジャーナリズム、ことにアメリカでの評判はすこぶるいい。ここは古典的スタイルをきちんと守っていて、ケチをつける人がいない。

ソーテルヌのほうは一級のトップをねらって虎視眈眈としているシャトーがいくつかひかえているが、バルサックのほうは昔から二軒だけが群を抜いていた。クリマンとクーテで、いずれもバルサックでありながら第一級に格付けされている。バルサックの一級はこの二つだけだから、この二つのシャトーのライバル合戦は相当なものである。ことに応援団の声援がかまびすしい。

ソーテルヌもバルサックも年による成功不成功の差があるため、結論めいた評価がむずかしいという面もある。依怙《えこ》贔屓《ひいき》をしがちな熱狂的ファンをさておくと、昔はクーテのほうが勝っていたが、現在はどうやら——ことに安定しているという点で——クリマンに軍配が挙がりそうである。

トップかどうかを別にすれば、どちらも実に優美そのもののワインで、バルサックの代表選手といって間違いない。最近では、伝統墨守のドワジィ・ベドリーヌと、新興というより再興のネラックが評判をあげ、クリマンとクーテに追いつこうとしている。

イケムに脱帽

ライバル合戦という見地からはふれなかったが、イケムを語らずしてソーテルヌを語ることはできない。

メドックの第一級のラフィットやラトゥールの五シャトーは、年によって先になり後になるという点で実力のレベルが伯仲している。しかし、ことソーテルヌに関するかぎり、イケムがあらゆる面でずばぬけていて、そのライバルは簡単に現われそうもない。丘の上の堂々とした古城塞は威風堂々として、その広大な地下蔵は壮観である。

　ロシアのコンスタンチン大公が一八七四年に一樽に破格の金貨二万フランを払ったという神話的伝説以来、ここはいつもソーテルヌの牽引車的存在だったし、そのワインの品質と値段の王座は揺るがない。ことにイケムの三十年を超えた年代物はまさに神品といえるもので、一生に一度でいいから飲んでみる価値がある。

　一九九七年に株式の大半をルイ・ヴィトン＝モエ・ヘネシーグループが買い占め、目下、当主のアレキサンドル・ド・リュル・サルース氏との間で紛争が起きているが、御家安泰を願うのはひとり私だけではないだろう（最近、和解が成立した）。

　一九七〇年の初め、毎年フランスへ行くようになった頃である。パリ在住の坂倉新平画伯が、自分の住んでいる下宿の近所に変わった店があるといいだした。旧市場《レ・アル》のそばである。毎晩、すごい車が停っているから、きっとうまいものを出すのだろうという。一階はレストランというよりカウンター・バーで、鉄のらせん階段を昇ると二階に部屋があった。といっても、テーブルが四つか五つくらいしかない狭苦しい店である。店の名は、「シェ・モンティユ」といった。

　ここでプイイ・フュイッセの生きのいいのを飲み、鴨のファルシと豚の足《ピエ・ド・ポール》を注文し、その味のいいのに舌を巻いていた。すぐ隣に、若い品のいいカップルが食事をしていたが、そのテーブルに置かれていたのは真っ黒な壜である。しかもグラスのワインはまさに黄金色に輝いていた。あまりに変わっているのでつい、ちらちらそちらへ目がいった。

二人が先に食事を終えて食卓を立つときに、その壜を持ってきて、「残りだが飲みませんか」といったのだ。「ずいぶん気になさっていたようなので!」と微笑つきである。壜にまだ四分の一くらい残っている。

グラスに注いで、ひと口飲んだとき、頭をガーンと殴られたような気持ちだった。砂糖でもなく、蜂蜜でもない、いままで経験もしたことのない甘味だった。その素晴らしさと同時に痛感したのは、フランスは怖い、ワインは恐ろしい、こんなワインがあるのでは、その奥深さは大変なものだ、ということだった。

煤で真っ黒になったようなラベルを拭いて見ると、レイヌ・ヴィニョー、一九二五年だった。僕とソーテルヌとの出会いである。それまで日本でソーテルヌをけっこう飲んでいたが、それがいかにお粗末だったか、本当の良いものを良い状態で飲んでいなかったことがわかったのである(古いカルヴァドスの素晴らしさを知ったのも、このときである)。

その後僕のソーテルヌ詣でが始まるわけだが、幸運にもソーテルヌのシャトーのオーナーであり、ボルドーきっての食通といわれるピエール・カステジャさんの御親交をいただくようになり、各シャトーの訪問を始め、ソーテルヌを手取り足取り教えていただいた。カステジャさんのドワジィ・ベドリーヌが出色のソーテルヌであることは、権威あるジネスト・ブックシリーズのバルサックの中でトップの五グラスをつけられていることからもわかる。

数多くあるソーテルヌの中で僕に一本だけ選べといわれたら、人に好みはいろいろあるだろうが、イケムを別にすれば手が出るのは間違いなくクリマンである。甘味がそれほどくどくなく、酸味が実にきれいで、典雅・優美そのものである。

イケムには一九六九年に行ったのが初めで、その時は名醸造長ピエール・ムスリエ爺さんがまだ健在だった。食事に招かれるという光栄にあずかったのは、リチャード・オルニーの名著『イケム』を訳し終える直前の一九九〇年五月だった。

外観はいかめしい古城塞のシャトーは、一歩足を踏み入れると、ラフィットに負けない粋《シック》の世界だった。広い邸内のあちこちは飾られた花の香りでいっぱいだった。真っ白なクロスのかかった食卓に飾られていたのは、鮮やかな黄色の水仙だった。それがワインの色によく映えた。心憎い気くばりである。

石鮃のアスパラガス添え《テュルボ・アルジャントゥイユ》、オマール海老入りコンソメ《コンソメ・オマルディーヌ》、ポーイヤックの仔羊の腿肉《ジゴタン・ダニョー・ド・ポーイヤック》、チーズというコースに出されたのは、まずシャンパンのクリュッグ・グラン・キュヴェ、ファルグの八一年、ラトゥールの七〇年だった。

コースが終わっていちごのミルフィユのときに出されたのがイケムの六七年。およそ、この世に完璧な食事に完璧なワインの組み合わせというものがあるとしたら、こういうものがそのひとつになるのだろうが、その完璧なしめくくりとしてイケムが存在するということを知らされた思いだった。

色は深い黄金色に輝いて、二十三年の眠りから目覚めたワインは華やかな芳香を食卓中にただよわせ、舌ざわり絹のごとく滑らか、熟成した甘味と品のよい酸味とのバランスは絶妙だった。この栄光を世に伝える使徒にならなければと決心したのはこのときである。

第Ⅶ章

白のなかの紅一点

シノンとブルグイユ

白のなかの赤い気炎

「ローヌは赤、ロワールは白」というと、そう簡単にいわないでくれと顔を真っ赤にしていきまいたシノンの酒造り屋の親爺さんの顔が目に浮かぶ。今でこそそんな話はないが、百年も昔は、シノンのワインはボルドーの上級シャトー並みの値段がついていたのだそうだ。そのときは「例外のない原則はないよね」と答えておいた。

ロワールでも、ミュスカデ地区の東北端、コトー・ド・アンスニー地区では、最近ボジョレと同じガメ種を使って小粋な赤を出しはじめている。同じ葡萄でも、南と北ではこんなに違うワインになるのかと驚かされる。ボジョレのように果実味でむせかえるといったようなところはないが、酸味の切れが実にいい。惚れこんだあまり日本の業者に輸入してもらったが、どうも現地で飲んだようには感激できない。長旅をするのに向いていないのだろう。

アンジュでも最近カベルネ葡萄を使ってせっせと赤造りに励んでいるし、トゥレーヌ地方でも、戦前文学青年たちの心を燃やしたバルザックの『谷間の百合』の舞台になったアゼイ・ル・リドーなどは、最近は白だけでなく、なかなかしゃれたロゼを出すようになっている。また、新興ブロックともいえるメスラン、アンボワーズ、シュヴェルニイ、ヴァランセイ地区では赤に挑戦しているが、ガメ種を使い出しているところが面白い。

しかし、ロワールの赤といえば、誇り高き存在はシノンとブルグイユである。しかも、シノンが、まわりが白ばかりのなかで赤ワインを造り出したのは、昨日や今日の話でない。この隣り合った二つの地区は、白のなかで赤い気炎をはいている。猛烈なライバル意識に燃えても、よさそうなものだが、案外この両地区は仲がいい。

カベルネ・フランがたなびく畑

ガリアの時代から要塞があったというシノン城は、ヘンリー二世の末期《まつご》を始め、劇的な歴史に彩られた場所だが、ジャンヌ・ダルクの謁見のシーンは、まさにそのハイライトだろう。

神の使命を受けたと信じた彼女は、はるかかなたのフランスの東北ドンレミの地から敵中横断数千里、はるばるとこのシノンまでたどり着く。ひどい話だが、実の母王妃イザボーから嫡出を否認された王子は、自分が本当にフランスの王なのか自信を喪失している。神の預言を託された乙女が現われたと聞いて、謁見の間で王座には小姓を王子に化けさせて坐らせ、自分は変装して侍従の中にまぎれこむ。しかし、ジャンヌ・ダルクは迷わずに王子を見付けてしまう……。

往年の名映画「ジャンヌ・ダルク」でこの乙女を演じたのは、かのイングリッド・バーグマンだった。壁だけになってしまった古城跡だが、今でもその謁見の間は残っている。小高い丘の上にあるシノンの古城はヴィエンヌ川沿いから見てもよい眺めだが、この城からの眺望もすばらしい。

シノンは、トゥレーヌ地区の中でも、ヴーヴレと同じように他とは違った地勢である。トゥレーヌの葡萄畑は一般に平野畑だが、シノンの畑は、ロワールの支流ヴィエンヌ右岸沿いの小高く隆起した丘とその左岸の丘陵にある。この右岸の丘の一番高いところにお城があるが（一番良いワインのできるのは左岸らしい）、丘陵にひだがあるため、斜面畑の方位や地勢も複雑である。

そのため、ここではいろいろ名前が付けられた区画畑《クリマ》があって、地元の酒造り屋を訪れると、自分の持ち畑の特徴を自慢たっぷり説明してくれる。説明しない親爺は自慢できる畑を持っていないだけだ。ほとんどのシノンは、あちらこちらの畑のものを混ぜている。どんな地質構成なのかよくわからないが、ヴィエンヌ川沿いの道を車で走っていたら道路工事のためか新しく崖を切り取ったところがあった。上から一メートルくらいは茶褐色の土だったが、その下が六、七メートルほど真っ白な白亜質だった。爪で削れるほど柔らかく、削った土塊はそのまま白墨に使えそうだった。これはチューロン階といって海緑石のチョークなんだそうだ。どうしてこんな土質のところで赤ワイン用の葡萄が栽培できるのか、いや栽培しようとしたのか、不思議な話だ。

シノンで使っている葡萄はカベルネ種だが、カベルネ・ソーヴィニヨンでなくてカベルネ・フランである。この葡萄は、ボルドーの名酒を生むメドック地区では、カベルネ・ソーヴィニヨンの補助種になっている（ボルドーでも丘陵・高台地帯のサンテミリオンとポムロールではこれがメインに使われている）。

フランのほうはソーヴィニヨンと違って、寒さや湿気に強いのと、発芽や実が熟すのが早いから、収穫期にしばしば襲う雨にやられる危険が少ない。それにこれを使ったワインは早熟タイプで早く飲める。酒軀《ボディ》はそう濃厚、リッチにならないかわりに果実味がよく出る。東欧とかワインの新世界でかなり使われていて、最近ではその良さが見直されている。

ボルドーとはまったく違う

シノンがなぜこの葡萄を使っているのかいろいろ尋ねてみたが、リシュリュー宰相の時代に侍従のブルトンという人が持ちこんだという話以外はっきりした返事が返ってこない。年月をかけた試行錯誤の結果、結局この葡萄がここの畑に向くということに落ち着いたのだろう。

風土・地勢のためか、葡萄のせいか、シノンの赤は、ボルドーの赤ワインとはまったく違ったタイプである。色は若い頃、濃淡のニュアンスこそ違うが、紫色を帯びたものが多い。香りは強くはないが、果実香《アロマ》が豊かに出ている。口当たりはソフトだが、滑らかとかリッチとはお世辞にもいえないものが多い。

ただ、みずみずしい果物をかじったような新鮮な果実味で口中がいっぱいになる。酸味は案外強くなく、さわやかである。若くてやや荒っぽい渋みを帯びるものが多いが、ボルドーのように強烈でなく総体的におとなしいから、それがかえって味をひきしめて、後味に趣きを与えている。グラン・ヴァンとほめるわけにはいかないが、これはこれで、それなりに楽しめるワインである。

シノンのワインは、若いうちに飲んで楽しむワイン、というより若くして飲まれるべく造られているともいえる。シノンの古酒というのを飲んでみたくて、いろいろ探してみたが、今のところお目にかかったことがない。ある名だたる醸造元で、「年代物はないかね」と尋ねてみたら、「量が少なくて、あんまりおいしいから、みんな若いうちに飲まれてしまって、そう何年も長く残っていないんだ」と笑っていた。

ここの地元の酒造り屋たちは、ラブレー流樽詰め人協会《ラ・コンフレリ・デ・エトヌウール・ラブレジアン》を結成していて「平和と健康と歓びに生き、大盤振舞いも忘れない快楽主義者《パンタグリュエリスト》として生きる」ということをモットーにしているくらいだから、大酒飲みが多くてよいはずで、造ったワインをがぶ飲みして残らないのは当たり前かもしれない。

ライバルは、ブルグイユ、そしてソーミュール

シノンの大ライバルは、ブルグイユである。国外ではシノンのほうがよく知られているが、フランス国内ではブルグイユのほうが名前がよく通っている。

ブルグイユは、ロワールの右岸で、かなり広い。この葡萄畑は十一世紀に、ベネディクト寺院が開墾したという由緒のあるものだが、シノンのように自慢できる華やかな歴史と遺物が残っていない。その点が、地元の人たちにとって痛恨のきわみで、どうみてもぱっとしない寺院

のひとつふたつを大事にしている。また、洞穴を利用した巨大な試飲所もご自慢である。

もっとも、ブルグイユの人たちにいわせれば、そもそもカベルネ・フランを植えだしたのはこっちのほうが先で、一一〇〇年代にボルドーからナントのブルトン港経由で持ち込んだのだから、こちらこそ本家なんだということになる。そのせいか、ここではカベルネ・フランをブルトンと呼んでいる。

この二つのワインは、シノンはすみれの香り、ブルグイユはラズベリー（フランボワーズ）の香りがするから利きわけられるのだそうだが、私の飲酒歴が貧しいのか、鼻がよくないのか、嗅ぎ分けたためしがない。

ワイン自体はシノンと似たりよったりで、そう違うとも思えないが、ただブルグイユのほうが一般に酒肉が厚く、リッチな感じがする。それとブルグイユのほうが熟成が遅く、長命であることも事実である。

県道一〇号線を使ってこの村に入ると、道のまわりに平坦な畑が広がっていて、街に入ってもおもしろくもおかしくもない家並みが街道筋に続いているだけである。しかし、よく注意して見渡すと、右手、つまり北のほうの平地の行き止まりは丘になっていてゆるやかに傾斜する斜面畑が東から西へと続いている。そうした地勢から、ブルグイユの葡萄畑は東西に伸びる三つのベルトゾーンに分かれている。

ロワール河沿いの平野の部分がラ・ヴァレで砂質地帯。斜面の裾からなかばまでのラ・テラスは荒い砂と砂利まじりの土質構成。斜面の上部のほうがレ・コトーで、土壌は石灰系粘土質である。この斜面の土質はチューロン階中期のもので、海緑石を含む雲母のチョーク。しかもその底土はセノマン階後期の牡蠣の泥灰土なのだそうだ。

想像がつくように、全体の三分の一くらいにあたる斜面部分からとれるワインがどうしても良くなる。だからブルグイユと一口にいっても、ある壜の造り手が、畑のどの部分からとれた葡萄をどのくらい使っているかが問題なのだ。

しかしブルグイユでは、ブルゴーニュのように、区画畑《クリマ》の類別がきちんとしていて、区画畑だけのクリマワインと、あれこれまぜた村名ワインとをはっきりと区別し、しかもそれがラベルに表示されるようにはなっていない。壜の中味の保証は、造り手の誇りと誠実度に委ねられているだけである。

しかし、本当に優れたブルグイユに当たったら――そう難しくはない――確かにこのワインが香りも高く繊細と優雅を兼ねそなえたユニークなキャラクターを持ち、シノンの良いライバルだということがうなずけるだろう。

ブルグイユについて、もうひとつコメントが必要になる。現在ブルグイユの西のほぼ三分の一が、サンニコラ・ブルグイユという別のAC（原産地名規制呼称）ワインになっていることである。サンニコラでは、畑のほとんどが斜面にあり平野の部分がないが、わざわざ別にすることはないという批判もある。同じ醸造元で、ブルグイユとサンニコラの両方を造っているところもあるし、この地区の生産者の協同組合はブルグイユとサンニコラの生産者を無差別に組合員にしているから、なおさらわかりにくくなっている。

私にしても、ブルグイユとサンニコラ・ブルグイユをそう沢山飲んでいるわけではないからなんともいえないが、率直にいってその区別はよくわからない。むしろ造り手の腕の違いがわかるくらいである。

現在、シノンとブルグイユには、うかうかしていられない強敵が現われている。両地区の少し下流、ロワール右岸のソーミュールである。ソーミュールは、バルザックの『ウジェニー・グランデ』の舞台になったし、素敵な古城が残っている町である。ブロックとしてはトゥレーヌでなくアンジュに入るが、ここが発泡《ヴァン・ムスー》ワインで大きく飛躍してきただけでなく、北東端のソーミュール・シャンピニイの赤が、めきめき頭角を現わしてきたのだ。

使う葡萄は同じカベルネ・フランだが、土質が違うせいかセノン階の砂と石灰土のチョークで覆われた丘から造るワインを、白から赤に切り換えてから注目をあびるようになった。このほうは新鮮《フレッシユ》な果実味と酸味の切れがよくて、鈍さがない。これからはシノンとブルグイユのライバルとしてよい勝負をするだろう。

こんな赤もあるのだ

シノンは、かの荒唐無稽の大食漢〝ガルガンチュワ〟を生んだラブレーの生まれ故郷だから、定めしうまいものを食べさせる店があるだろうと思いこんでいた。ところが初めて行ってみるとさにあらず、観光客相手のたわいのない店が、崖下の細長い町に軒をつらねているだけ。やっと探したのが「金玉亭《プール・ドール》」だった。二時も過ぎる頃腹を空かせてたどりつき、オードブルに、仔羊のグリエをかっこみながら飲んだシノンはけっこういけたし、ロゼが案外いいのに驚いたりした（今では「オステレソー・ガルガンチェ」とか、「オー・プレジール・グルマン」のような店があるし、最近は「オー・ボン・アキュイュ」がいいらしい）。

そのうち、私のフランス・ワインの御師匠さんになるソニエ氏が、全ロワールでも一目置かれる酒造りの名手シノンのミシェル・ジョゲのところへ連れて行ってくれた。研究熱心だが奇人でもあって、雹をやっつけるためミニ・ロケットを使ったり、発酵槽の上蓋が発酵果汁《もろみ》の増減に連動するように歯車仕掛けの装置を天井裏につくったり、昔風の取り木《プロヴィナージュ》（枝をたわめて土中にはわせて根をつけさせる）をやってアメリカ産の台木を使わず葡萄を育てたりしている。経費を無視した酒造りで一時破産しそうになったが、その酒造りのひたむきさに惚れこんだ銀行家が助けてくれたそうだ。

ジョゲの家へ行くと、これから昼飯だという。家の中に案内されるのかと思ったら、自分の車の中に何やらごたごた積み込んで走り出した。どこへ行くのかとついていくと、シノン城が見える丘の中腹の葡萄畑。ジョゲはいくつかの名区画畑を持っていて特醸物を仕込んでいるが、その畑のひとつシェーヌ・ヴェールだった。畑の横の崖に洞穴があり、そこに運んできた蠟燭が落ちそう。

ソーセージ)、アンドゥイユ(豚・臓物ソーセージ)が滅茶苦茶にうまくて、それこそほっぺた人。ひとかかえもある田舎パンもうまかったが、リエット(豚脂のパテ)、ブーダン(血入り黒をともし、組立て式の椅子・テーブルを仕立て、にわか造りの簡単食堂、本人が配膳係兼料理

　ワインはもちろんシノンだが、葡萄の古木を使った新酒と、若い木を使った古酒とを出してくれた。ブルゴーニュにかぶれていて、しかもそれまでパリでたいしたことのないシノンしか飲んでいなかった私が、シノンの赤を馬鹿にしていたのは事実である。しかし、このとき、初めてブルゴーニュやボルドーというワインの物差しでは計れない、いや計ってはいけない別のカテゴリーの赤ワインが存在するということ、ワインを判断するのに予断・偏見を持ってはいけないということを悟らせてくれた。目から鱗が落ちるとはこういうことをいうのだろう。シノンがすみれの香りがするというのだけは、いまだによくわからないが……。

　ブルグイユのほうは、パリジャンには熱狂的ファンがいる。いろいろグラスを重ねているのだが、本来のブルグイユとサンニコラの区別もよくわからないし、本当に素敵だと思う壜にまだ出会ったことがない。むしろソーミュール・シャンピニイの赤は、私の生理に合うようだ。これからもグラスを重ねて、ブルグイユについても開眼しなければならないと思っている。

第VIII章

東と西の極辛口《ボーン・ドライ》のライバル

ミュスカデとサンセール

赤のローヌ、白のロワール

フランスを流れる二つの大河、それはローヌとロワールである。そして、この二つの河は実に対照的である。ローヌは北から南へと流れ、ロワールは東から西へと流れる。

実際はローヌは、リヨンから上流は東西に流れジュネーヴまで遡り、ロワールはオルレアンで九十度曲がり、はるかクレルモンフランの南まで南北に遡る。しかし一般にローヌといえばリヨンから、ロワールといえばオルレアンから下流を指す。

ローヌといわれたときにフランス人が描くイメージは、季節風ミストラルが吹く糸杉と赤瓦屋根の風景、それにローマの面影を残すアルルやニームに代表されるプロヴァンス文化の地である。

ロワールといえば、果樹園と花が咲き乱れるおだやかで風光明媚な光景、シャンボール、ブロワ、アンボワーズ、シュノンソー……と、フランス・ルネッサンスの栄光を残す名城が連なるフランス王朝文化の地である。

一般的にワインの色を南北でいえば、南は赤、北は白である。そしてローヌは南仏、ロワールは北仏のイメージを反映するように、ローヌといえば赤ワインの代表的生産地であり、ロワールといえば白が主力の生産地である。

もちろん例外はあるので、ローヌでもコンドリュー、エルミタージュ、シャトーヌフ・デュ・パープなどはしたたかな白を出すし、ロワールにもシノン、ブルグイユ、ソーミュール、アンジュなど、けっこう楽しい赤ワインがないわけではない。しかし、その主流はそれぞれ赤と白で、ボルドーとブルゴーニュの次にひかえる二大名産地であり、色を違えた大ライバル同士である。

長い流域のロワールの中心的都市はトゥールになるが、東にオルレアン、西にアンジュがひかえている。ジャンヌ・ダルクの攻城戦で有名なオルレアンは、中世を通じてパリとロワールを結ぶ主要都市だったし、パリの胃袋をまかなう巨大なワイン供給地だった。しかし、フィロキセラによる被害で壊滅した後、立ち上がることができず、ワイン生産地としては姿を消した。今はもっぱら酢を造っている。トゥールとアンジュについては別章で述べよう。

現在、ロワール流域の中で一番元気がいいのが、ミュスカデとサンセールである。かたや最下流、こなた最上流で、白い（？）気炎を吐いている。ロワールの中流地域は、おとなしい薄甘口ワインが主流だが、この大河の上下流の両端が、極端に辛口で成功しているのが面白い。万事ドライになった時流に乗れたのだ。

ミュスカデは地名ではない

ミュスカデはロワールが大西洋に注ぐ河口近くの大都市、ナントの東南から南にかけての地区のワインである。

ナントは、アンリ四世が新教徒を保護した「ナントの勅令」で歴史上有名である。また、フランス革命の真っ最中にこのあたりの農民が「ヴァンデの反乱」を起こし、革命政府軍に制圧された末、大虐殺を受けた。その成り行きはバルザックの『ふくろう党』とか、デュマの『九十三年』にも描かれているが、ワインとは直接の関係はない。しかし、古くはローマ時代からワインは造っていたし、中世、その品質もかなりのものだった。ウイスキーの初祖聖コロンバヌスがアイルランドに渡るとき、ここのワインを船積みしたくらいである。ヴァイキングの侵攻で町も畑もひどい目にあったが、僧侶や貴族の努力でなんとか復興した。

十七世紀頃になると、ボルドーから閉め出しを食ったオランダの商人がこのあたりに目をつけ、寒冷地向けのブランデー造りを奨励した。そのおかげでワイン造りもけっこう繁栄していたのだが、一七〇九年のひどい晩霜で再び葡萄畑が壊滅してしまった。

それにもめげず、耐寒性の強い葡萄を選んで再興をはかったが、この頃から植えだしたのが、ブルゴーニュ地方のムロン種だった。この葡萄は本家のほうでは絶えてしまったが、こちらではうまくいって、どういう理由かよくわからないが、ミュスカデと呼ばれるようになった。ミュスカデはミュスクつまり麝香《じやこう》の匂いがするからだという人もいるが、私はそんな香りを嗅ぎ当てられない。

フランス・ワインはだいたい、地名がワイン名になっているが、ここは葡萄名がワイン名になってしまったので、ミュスカデという地名があるわけではない（地名はペイ・デュ・ナンテ）。

どうやら再興はしたものの、できあがったワインは、元気は良いが荒っぽいたちで、都会の人の口に合いそうもなかった。かなりの量のワインが樽で英国へ送られて、シャブリに化けていた。つい三、四十年くらい前までは、フランス・ワインの多くは樽で英国へ輸出され、そちらで壜詰めされていたのだ。また、この地方へ旅行した人たちが、大西洋の魚料理に合う地酒として楽しんでいたくらいだった。

しかし、鉄道の開通でこの地方へ海水浴や避暑に来る人が増えてくると、なかなかいけると知る人も増えてきた。ことに第二次大戦中、この地方に疎開したパリジャンがほれこみ（ブルゴーニュの値段の高さに閉口していたのだ）、パリへ帰って宣伝してくれたから大ヒットした。赤のボジョレと並んで、白のミュスカデは一躍パリの人気者になった。現在、総生産量は六五ヘクトリットル（六百万ケース）を超すまでになっていて、シャブリの五倍以上である。

地区としては、ナント市の東南にあたるセーヴル河とメーヌ河の周辺から東にかけての部分がミュスカデ・セーヴル・エ・メーヌと名付けられて、ただのミュスカデより格上になっている。

最近、西側のほうもいろいろ運動して、AC上、ミュスカデ・コート・ド・グランリューと名乗ることが認められるようになった。鳥の自然保護区として有名なグランリュー湖の名前にあやかろうとしたのだろうが、今のところたいした勢力になっていない。

ミュスカデは、いわば新興地区だから、ワイン造りにおいて由緒と伝統を誇るダントツの名門・旧家というのがあまりなく、生産者はいわばドングリの背くらべという観があった。もっとも歴史の香りがゼロということもなく、ノエ・グゥレーヌやメルクルディエールという城もあり、クリソンの古い町は美しい。バユオー家、シャスロワール伯爵家、グヴレーヌ伯爵家、ブリュック伯爵家、ロシュシュアール伯爵家、シエロー・ド・カレ家などの旧家もあり、ソーヴィニヨン家、メテロー家、テボー家のように他とは毛並みの違うことを誇りにしているところもある。

しかし、ボルドーやブルゴーニュの名城《シャトー》、名家のように名声が轟きわたるということはない。零細を含めると何百軒というメーカーがあり、それに加えてミュスカデの売れ行きに目をつけた大小さまざまなネゴシャンがなだれこんでいるから、生産現場はいささか混沌たる状況になっている。また格付けもないから、優れたものを選び出すのがなかなかむずかしい。ただ、大きな流れはある。

かつては、果物を水にしたような新鮮《フレッシュ》さが取り柄で、そう肩肘を張らないで飲むワインだった。それが、地区の評判も上がり、ライバル同士の競争が激しくなってくると、なんとかもっとリッチで個性のあるものを造りだそうとねらう醸造元と、大衆向きにできるだけ飲みやすいものを造ろうとする醸造元と、というところに分かれ始めている。総じて、おとなしく、飲みやすいワインに変わりつつある。かつての荒っぽいが元気がよいミュスカデがどんなものだったか知りたかったら、一格下がる地酒的存在の「グロ・プラン・デュ・ペイ・ナンテ」(VDQS=地域指定上級ワイン)を飲んでみたらいい。

ミュスカデで面白いのは、「シュール・リィ」である。初めから樽で仕込み（つまり発酵から）、そのまま樽で熟成させたワインである。この方法でやると、樽底に澱《オリ》が溜まる。ふつうのワイン造りでは、樽の中で長く澱とワインを同居させるとワインに雑味がつくので、それを嫌って澱引きをする（樽の中の上澄みを移しかえる）。ところが、その逆手をいくわけである。これをやるとワインの風味が濃くなるというわけで、この地方ご自慢の特有の醸造法だった。シュール・リィとは「澱の上に」という意味である。「この頃はろくに澱漬けもしないくせに、ただ早く出したというだけのワインにこの名前を使っているやつがいる」といきまいている酒造りの親爺がいた。

極辛の白

サンセールはオルレアンの上流、古都ヌヴェールの二五キロほど下流になる。プイイ・フュメ（第XIV章で詳述）の対岸地区になる。ロワール左岸に、すり鉢をふせたような丘があり、その上に古い街が帽子のようにちょこんとのっているかわいらしい光景が見られる。実際にワインを出している畑は、この丘の斜面だけでなくて、西手にかなり広がっている。かなり強い傾斜面を持つ丘がいくつもあって複雑な地勢を形成している。

土質も石灰岩系の「カイヨット」とか、泥灰土の「白い土」とよばれる部分とか、火打石の小石まじりとか、貝殻の化石の塊がごろごろしているところとか、なかなか複雑である。この点が、平野で砂質系のミュスカデときわだった対照をなしている。
ということは、ひと口にサンセールといっても、かなり異なったワインがあるわけで、それぞれ個性豊かになるということを意味している。右岸のプイイ・フュメに比べて、同じソーヴィニヨン種を使っていても、左岸のサンセールのほうはひとくせあるというか、個性が強く出る面がある。

サンセールのワインはいわゆるボーン・ドライ。骨《ボーン》までからからになるという意味かどうかはわからないが、極辛口の部類に入る。甘ったるいところは片鱗もない。高尚とか微妙とかいうのではない。きりっとして、さっぱりしたワインである。さりとて肋骨が洗濯板――今のヤングは知らないか――のように見えるくらい痩せてガリガリというのではなくて、筋肉質の酒肉はきっちりついているから、ミュスカデより飲みごたえがある。

基本的にはフレッシュ・アンド・フルーティな辛口ワインだが、フラットとか凡庸なものになることが少ない。したたかな酸がしっかりしたバックボーンになっているからだろう。きわだっているのがその香りで、それがお隣りのフュメと区別する手がかりになる。カシスやツゲのにおいがするとか、チュベローズの香りがするという人もいるし、アカシアやエニシダの香りにたとえる人もいる。残念ながら、私は月下香《チュベローズ》なる香りはあまりよく知らないし、アカシアの香りも何回かしか嗅ぐ機会がなかったし（日本に生えているのはニセアカシアで、本物のアカシアではない）、エニシダといわれても面食らうだけだが、とにかくサンセールが特有の香りを持っていることくらいはわかる。

サンセールには大きな醸造元は少なく、ほとんどが中小零細メーカーである。総面積二〇〇〇ヘクタール、年生産量も一〇万ヘクトリットルくらいである。ミュスカデの二割くらいにしかならない。絶対的な生産量が少ないためか、幸いなことに今のところミュスカデのようにネゴシャンにそう荒らされていない。というよりは、ここの農家は誇り高いところが多く、たとえわずかな量でも自分で出荷したくて、ネゴシャンに売るのをいさぎよしとしないのだ。

地勢が複雑で、丘あり谷ありのはざまに小さな集落があちこちに散在している。かってはまともな地図もなかったので、いったん道に迷うと、ぐるぐる廻りばかりでなかなか目ざすところに着けなかった。その中には有名なシャヴィニョールのチーズを出す村もあるのだ。地勢が複雑なら造り手もいろいろ出てくるわけで、由緒を誇る名門・名家こそないが、それぞれ鼻の高さに見合うような個性あるワインを出している。それがサンセールびいきにはぞくぞくするくらいうれしい。

サンセールで特筆しなければならないのは、赤も造っていることである。畑の土質の中で白向きでないところで、赤葡萄（ブルゴーニュで使うピノ種）を植え、ブルゴーニュでできるなら俺のところでできないことはなかろうと赤ワインを造りはじめたのだ。初めは、地元の自家消費用程度だったが、このところこれに目をつけたパリの食通・ワイン通（？）の間で人気が出て、あっというまに赤の比率が全体の一〇パーセントから二〇パーセントに増えている。

ピノという葡萄は気むずかしくて、ブルゴーニュ以外では育ててみてもなかなか良いワインができない。アメリカではカリフォルニアががんばったがどうもうまくいかず、かえって北のオレゴンのほうが成功している。もっとも最近では、ロス・カーネロス地区など一部が成功しつつある。

ところが、サンセールではうまくいっているというのだ。サンセールの赤（そしてロゼ）は、確かによくできているが、私の経験が浅いのか、今のところまだ驚くようなのにはめぐり合っていない。どこか淋しくて、ブルゴーニュのようにパッとしたところがない。

サンセールに軍配

ミュスカデとサンセールが並ぶと、どうしてもサンセールに手がのびる。というのは最近のミュスカデは——誰にも好かれてほしいからなのだろうが——おとなしくなりすぎて、いまひとつパンチ力が弱い。それに比べサンセールのほうはひとくせあって、しかも造り手によってかなり違うという意味で個性的で、「どれひとつ試してみようか」という気になる。そんなわけでサンセールを飲んだ話はきりがないのだが、たったひとつだけというと、コタ爺さんのワインになる。

コタのワインは、フィルターはかけないし澱引きも手かげんをしているので、グラスの中に細かい澱が浮遊している。壜詰めされてから初めの二、三年はどうということのないワインのようにみえる。ところが、辛口白ワインとしてはすごく長寿・遅熟で、八年から十年寝かせておくと——もしあなたに飲まずに待っている時間と場所の余裕があればの話だが——とてもサンセールとは思えないすごいワインになる。

ここでは、ワインを樽で仕込んでいるが、ただそれだけでなく、使っているのが古樽である。何十年も使っているため樽の外側は傷だらけで、黒光りするものになっているが、樽の内壁には酒石酸の結晶がびっしりついていて、水晶でコーティングしたみたいである。ふつうのワインの醸造の逆手を行っているわけだ。

古樽を使うのはシャンパンのクリュッグもやっている。しかし、こんな特殊な使い方をして信じられないようなワインを造りあげるのは、私の知るかぎりでは、シャトーヌフ・デュ・パープのシャトー・ラヤスのジャック・レイノー爺さんと、ここのコタ爺さんくらいだろう。ラヤスのレイノー爺さんは死んだし、コタさんももういい年だから——もっと長生きして欲しいが——もし亡くなったら、そうしたワインにお目にかかれなくなるだろう。

もし骨董的存在のこの墺を見つけたら見逃さないことだし、我慢のできるかぎり寝かしておいたらいい。

第IX章

フランスの庭園と要塞城

トゥレーヌとアンジュ

おっとりした甘口—トゥレーヌのワイン

ロワールの中流、その中心都市はトゥールである。このあたりはトゥレーヌ地方と呼ばれ、有名なシャトーが集中し、風光明媚な地なので「フランスの庭《ジャルダン・ド・フランス》」ともいわれる。

トゥールは、八〇〇年に西ローマ皇帝となったシャルマーニュ大帝の頃からすでに文化の中心として栄えていた都市だった。トゥレーヌ地方は当時からワインの名産地で、現在でもかなりの量のワインを出している。もっとも、この地方は気候がきびしくなく土地も肥沃なせいもあって、人心はおっとりとして温和で、それを反映してか、ワインのほうもおとなしい。

トゥレーヌのワインといえばまず白で、それも薄甘口のものが多い。ロワールの東と西のはずれのサンセール（東）やミュスカデ（西）のように辛口《ドライ》ではない。万事ドライな当世の辛口流行のせいか、トゥレーヌの本来のワインは辛口ものにおされがちである。そのうえ、外国で名声をあげるためにあくせく働くということはあまり好きではないらしい。造ったワインは、地元で飲む分と観光客の飲み分でかなりさばけてしまう。そのため個性のあるワインを出す出色の醸造元は少なく、ネゴシャンが大いに幅をきかせている。

トゥレーヌ地方で白ワイン用に使われる葡萄の主要品種は、シュナン・ブランである。地元ではピノ・ド・ラ・ロワールと呼ばれている。現在、世界中で白ワイン用に広く使われている品種になっている。フランス以外では南アフリカ、カリフォルニア、オーストラリア、ニュージーランドなどで使われている。暑い地方で栽培してもさわやかな酸味をもつワインに仕上がるからで、そのうえ多産系でもある。そのためいろいろブレンド用に使われたり、日常消費用のワイン向けに活用されている。ロワールでは、蜂蜜と濡れたわらの香りがするといわれているが、他の国ではそうはいかないそうである。もっともこれは地元の酒造り屋の自慢話だから本当にそうかどうかはわからない。

葡萄畑の下に家がある

トゥレーヌ地区で、これを抜きに話ができないというのがヴーヴレである。

トゥール市の北、ロワールの右岸（正確にはロワールと平行するシスという小流の右岸）の小地区である。ロワールをはさんで、その対岸がモンルイ地区になっている。モンルイ地区は、かってはヴーヴレの名前でワインを出していたが、ヴーヴレのACが決まったとき、その仲間に入れてもらえなかった。一九三八年から独自のモンルイの名前を名乗るようになった。本来なら兄貴分のヴーヴレの良きライバルになってよいはずなのだが、どうも形勢が悪い。ヴーヴレとちがって、ロワールとシェール河の小流にはさまれた砂質地帯だからなのかもしれないが、いまひとつ評判があがらない。腕の良い造り手がいないわけではないのだが……。

ヴーヴレは変わった光景が見られるところである。河岸の岩を切りとったような白い急崖のあちこちに、玄関だけのような建物が崖にへばりつくように建っている。建物の本体、つまり居住部分は、崖を掘った洞穴の中にあるのだ。その昔の、人類が洞穴住いをしていた名残りかもしれないが、洞穴が今でも現役のところは、フランスでもそうはない。崖の上の高台が畑になっているから、葡萄畑の下に家があるようなものである。

こんな変わったところでとれるせいかもしれないが、――本当は土質のせいだろう――ヴーヴレのワインは同じトゥレーヌのワインのなかでも、香りも芳醇で、味もひときわ濃く、口当たりもリッチで、なかなか見事な白ワインである。やわらかい甘さが舌に快く、辛口ものと違った楽しさがある。

ここも、一時低迷していた時期があったが、地元の名家モンコントゥール家が牽引車になって村民を激励し、酒質向上にはげんだので、最近はその良さが見直されるようになっている。良い酒造りがなおざりにされたのは理由があった。実はヴーヴレは発泡ワインをかなり出しているのだ。泡の立つワインといえばなんといってもシャンパンで、シャンパンは発泡ワインの代名詞のようになっている。しかし、フランス北東部のシャンパーニュ地方の限定された地区で造られたもののしか「シャンパン」と名乗れない。フランスの他の地方で造ったものはただの「発泡ワイン《ヴァン・ムスー》」と呼ばれて、なんとなく冷たい目で見られている。そのなかでも「ヴーヴレ」の発泡ワインは、一番できがよくて有名だった。しかし、その評判も「貧乏人のシャンパン」と冷やかされたり、祭りの射的の景品に使われたり、二流品扱いだった。

というのも、このあたりは葡萄の果実の原価が安いから、できあがったワインが割安についているからだ。それに対して、いろいろ栽培上や経済上の理由があって、シャンパーニュ地方は葡萄の原価が一番高い。

そんなことで、ヴーヴレというと、本来のワインより発泡ワインのほうが有名になってしまって、「ヴーヴレ」というと発泡ワインだと思われてしまったほどである。

もっとも、最近の発泡ワインの流行に目をつけて、ロワールの対岸地区、ソーミュールが大がかりに発泡ワイン造りに取り組んでいるので、そっちのライバルに発泡ワインのお株を奪われそうである。

あまり知られていないが、ヴーヴレをヴーヴレたらしめているもうひとつのワインがある。それは「モワルー」と呼ばれるもので、いわば珍品・秘酒。ごくごくの当たり年だけに念入りに仕込んで造る。文字どおりの大吟醸である。おそろしく長命で、三十年や五十年、平気でもつ。これは白ワインとしては型破りである。貴腐ワインでなく、洗練性と優雅さの点で甘口の逸品ソーテルヌにどうしても負けるが、その点を別にすればソーテルヌの極上物と十分張り合える。黄金色の濃い色調で、豊かな香り、そして蜂蜜かと思わせるような濃い甘口である。

できる年が限られているうえに、仕込みに手間ひまがかかって面倒なので、残念ながら造っている醸造元は何軒もない。数が限られているから知られないのは無理もないが、さらにハンデとなるのは、このワインは少なくとも十年以上寝かさないとその真価を発揮してくれないことである。どうみても、万事がスピード時代の当世向きではない。この年代物を飲んでみると――うまく手に入ったらの話だが――昔の名酒というのはこういうものだったかもしれないと思わせてくれる。

ロマンチック・アンジュ

ロワール中流の都市としてはトゥールが有名すぎるので割をくって損をしているのが、アンジュである。位置的にはトゥールとナントの中間あたりにある。

アンジュの見ものはそのお城で、トゥレーヌ地方のシュノンソーやヴィランドリのような華麗・瀟洒なところがまったくなく、中世の要塞城がそのまま残っている。片方が急崖、片方には深い堀をめぐらし、石造りの塔《ドンジョン》がぐるりと並ぶ構造はたいしたもので、威風堂々として難攻不落を誇っただろうと往年を偲ばせる。古いはね橋も面白く、まさに歴史を物語る名城で、ロワールはおろか全フランスをみても、これだけのものはそうはない。内部に展示されている古い壁掛け《タピストリー》も有名だが、近くにある壁掛け《タピストリー》博物館で展示されている現代の名匠リュルサの作品も見逃せない。

ワインでいえば、アンジュのロゼはあまりにも有名。ロゼは、フランス中どこでもといってよいほど造っているが、まず筆頭にあげられるのは、ロワールのアンジュと南仏のタヴェルである。タヴェルは、シャトーヌフ・デュ・パープのすぐ西隣りである。このロゼの二大ライバルは、ロゼといってもまったく対照的。

アンジュのほうは、色は淡いピンクで実に美しく、飲むのが惜しいくらい。口当たりはソフト・アンド・フレッシュ。全体に軽快で、酸味がさわやか。やや甘味を帯び、かすかに微発泡を帯びるものもある。魚料理向きとされているが、要は軽い食事やスナック向き。というよりはデート向きで、二人で眺めていると、それだけでロマンチックな雰囲気になる。

タヴェルのほうは、色はヴァラエティに富んでいて濃淡さまざま、やや橙色を帯びるものもある。こちらのは軽快というより重厚型。フレッシュというより果実味がよく出ていて、口当たりはそう滑らかでないが、ロゼとしてはリッチ・アンド・ヘビーで、酒軀《ボディ》はしまっていて、かすかに渋味を帯びるものもあり、甘さの片鱗もないドライ・タイプ。下手な赤ワインよりたよりがいがあって、肉料理にも合わせることができる。アンジュのようなムードづくりには使えないが、夏の昼とかハイキングのお供にぴったり。

ロゼは、第二次大戦後、世界中で大流行した時期があった。その頃アンジュはわが世の春を謳歌していた。

しかし赤と白の中間という点が、便利という長所と、どっちつかずという短所をあわせもっているために、物足りなくなったのか、このところ人気下降気味である。そのため、地元の酒造り屋たちは必死になって、カベルネ種の葡萄を使ったカベルネ・ダンジューという一格上がる上級品を造って名誉挽回に懸命である。しかしどうも旗色が悪いので、このところ赤ワインのほうに色目を使っている。

フランスきっての名酒もあり

ロゼであまり有名になりすぎたために、他のワインがかすんでしまったが、アンジュ地区は他にもいろいろなワインがあって相当なワイン産地である。というより、ことワインに関するかぎり、トゥレーヌ地方より、アンジュ地区のほうが実力がある。実力のわりに知られていないがなかなかのもので、なかにはフランスきっての名酒もある。

まず、アンジュ市のすぐ西手、ロワールの右岸沿いにサヴニエールの小地区があり、辛口の白を出すが、ここのクール・セランはロワールの最高級。ここは今注目されているビオディナミック農法（徹底した自然有機農法）のフランスにおける元祖的存在でもある。そのお隣りのロッシュ・オー・モワーヌは甘口の逸品。

ロワールの左岸にロワールの支流レイヨン河があるが、この流域のワインがコトー・デュ・レイヨン（その支流のローバンスを含む）。あまり知られていないが、赤、白、ロゼともにかなりのレベルのものである。

特筆物は、ここの甘口のカール・ド・ショームとボヌゾー。これはロワール全域の中で甘口ものとしてトップになる名酒。ことにカール・ド・ショームは「収穫の四分の一」という意味で、昔からご領主様が自分の飲み分として四分の一取ったという由緒をもつ。ボルドーのソーテルヌに比べると、リッチさと複雑さで追い抜かれるが、そのかわり甘味がくどくなくてさわやかだという長所があり、まさに谷間の白百合の風情がある。

アンジュ地区の東南部は、独立したソーミュール地区になっているが、ここの赤は出色で、最近ことにソーミュール・シャンピニイの評判は高い。トゥレーヌはなんといっても、フランス文化ルネサンスの地であり、人心はなごやか、大地は肥沃豊饒なのだから、美食とワインの逸楽があってよいはず。ところが、どうしたことか、私の記憶に刻みこまれたことがない。

トゥールの名レストラン「シェ・バリエ」のシノンを使ったうなぎの煮込み《マトロート・ダンギイュ》、手長海老の《ヴルテ・ド・》クリーム煮《ラングスティーヌ》、若鳩の膀胱包み《ジュヌ・ピジョン・アン・ヴェシイ》とか、シノンのレストラン「ル・ヴェール・ドー」の川すずき《サンドル・ド・》のバターソース《ラ・ロワール・オー・ブールブラン》など記憶に残るおいしかった料理は数々あるのだが、トゥレーヌのワインと料理で鮮やかな印象を持って記憶に残るものがない。

もちろん、ヴーヴレやサン・ルイで良いワインがなかったというのではなくて、ロッシュモルンとか、今はなきマルタン爺さんの古酒など、カーヴを訪れて楽しい思いをしたことはあるのだが……。トゥレーヌへ行くと、どうしても、豚脂のパテ《リエット》とか、豚臓物ソーセージ《アンドゥイエット》とか鰻のワイン煮込みといったような安直な料理に、地酒をひっかけて楽しむということが多い。

もっともヴーヴレの「モワルー」だけは、『フランスワイン』の著者、アレクシス・リシーヌが絶賛するので一度は飲んでみたいと思い、地元の名家ユエ家を尋ねてその曲がりくねった洞穴の酒庫を見せてもらった後で、味わったことがある。これは確かにしたたかな変わったワインで、その甘さは尋常ではない。ヴーヴレへ行くと、いつも何本かを手に入れて土産にしている。

第X章

黄金の泡と修道僧

ドン・ペリニョンとライバルたち

絢爛豪華な極上シャンパン

ドン・ペリニョンといえば、かの女王陛下の007、ジェームズ・ボンドの愛飲酒だった。ドン・ペリニョンことドンペリは世界最高のシャンパン！　という名声にあこがれて無理をする人がいたり、最高品だけをねらうのが自慢な人種の鼻を高くする種になったりしている。こういういい方をしたからといって、なにもドンペリにケチをつける気はさらさらないので、最高級のシャンパンであることは事実である。ただ、ドンペリだけが最上級のシャンパンとは限らない、といいたいだけである。

ドンペリは、シャンパンの最大手メーカー、モエ・エ・シャンドン社の特醸品というだけ。それ以外にも極上シャンパンはごろごろある。

モエ社と並ぶシャンパンの横綱級メーカー、ポメリー社が腕によりをかけたルイズ・ポメリー。ホテル・クリヨンなど多角経営をしているテタンジェ社のコント・ド・シャンパーニュ。ルイ・ロデレール社の美しい水晶のような壜に入ったクリスタル・ブリュット。黄色いラベルでおなじみのヴーヴ・クリコ社のラ・グラン・ダーム。ポール・ロジェ社がご愛用いただいた元英国首相にちなんで命名したサー・ウインストン・チャーチル。スイス出身でコルドン・ブルーを旗印にするド・ヴノージュ社の美しいデカンター入りのデ・プランス。趣味が高じて本業になった孤高のサロン。樽仕込みにマダムが鷹のような目を光らせたボランジェ社がフィロキセラ以前の葡萄を使って仕込んだヴィーユ・ヴィーニュ。そして真打ちは、名門名手古樽仕込みのクリュッグ社が最高の葡萄畑から念入りに磨きあげたクロ・デュ・メニル……。

もしその気になって探せば、目を見張らさせられるシャンパン各社の絢爛豪華な特吟物がずらりとそろっているのだ。これらに背を向けて、一銘柄だけにしがみつくというのはどう考えても賢明ではない。

もっとも、こうした貴重な極上シャンパンをねらわなくても、普通のシャンパンでもとてもおいしい。飲みつけると病みつきになる。

ドン・ペリニョン伝説

ドン・ペリニョンは、ベネディクト派の修道僧である。オーヴィレールの修道院にたてこもって、シャンパン造りに精を出した。シャンパンの泡を壜に閉じこめた、つまり今日の発泡ワインであるシャンパンを発明したのは、このドン・ペリニョン僧だといわれている。

たまたま僧院に泊めたスペインからの旅客僧が旅行用の水筒にコルク栓を使っているのに気が付いて、これをシャンパンに使って泡を閉じこめたというのだ。それ以前からワイン壜はあったが、主に食卓用に樽から移し替えて食卓に出すために使われていた。コルク栓がなかった時代、壜に蓋をするには油をしみこませた布切れなどを使っていたのである。

発泡ワインの創始者というこのドン・ペリ伝説については、フランスの南東部、スペイン国境に近いブランケット・リムー地区の酒造り屋たちが異議を唱えている。コルク樫が生えているのはスペインで、自分たちのほうがスペインに近いから、以前から使っていたというのだ。

歴史の真相を探ると、どうやら最初に発泡するシャンパンを造りだしたのは、案外のようだが、英国だったらしい。英国ではフランスよりガラス壜の製造業が発達していた。それに英国人が大好きなのはビールだったから、壜詰めコルク栓のビールは早くから普及していた。

たまたま、フランスから島流しのような身になっていたシャンパーニュ地方出の貴族が、故郷から良いワインを取り寄せ、これを英国の貴族に振る舞っていた。そのうちこのワインもビールと同じように壜詰めすることに気が付き、すると泡入りワインになったから英国貴族たちが面白がって飲んだ、というのである。確かにこの話は説得力がある。当初、泡の出るワインというのがあり得たとしても、フランス人がそれを珍重していたとは思えない。泡入りのお酒がおいしい……ワインにも泡を！　という発想をする社会的事情とコモンセンスがそもそもフランス人にはなかった。むしろ泡の出るワインは欠陥商品だと思われた。英国人のほうは泡の出るビールを飲みなれていたから、泡の出るワインという酒をすんなりと受け入れただろうと考えられるのである。

世紀のライバル合戦

実は、泡が出るシャンパンが開発されたというのも歴史的事情がある。それはブルゴーニュとシャンパーニュのライバル合戦の結果誕生したのである。

中世のヨーロッパで、シャンパーニュ地方は、先進国イタリアと北海沿岸地方を結ぶ交通の要路だった。後にパリにお株を奪われるまで、シャンパーニュで開かれる大市は当時のヨーロッパ経済の中心として繁栄をきわめていた。お金を懐にした人たちが集まれば、ひとつうまい酒を飲みたいと思うのは古今東西変わらない人情というもので、ワインの取引が発達し、当然その品質も良くなった。ことにシャンパーニュ地方のアイ村のワインは各国の王侯貴族たちの垂涎の的で、わざわざこの村に畑を持った王様がいたくらいである。

宗教戦争で二分したフランスを統一し、パリを王室の本拠としたアンリ四世は、女たらし《ヴェール・ギャラン》の美食家だったが、愛飲したのはシャンパーニュ地方のワインだった。

太陽王ルイ十四世がヴェルサイユ宮殿でフランスに君臨するようになると、ヨーロッパ文化の粋がその宮廷に集まった。ルイ十四世は美食家・大食漢で、その宴会を自分の栄光を示すイベントにしようとしたから、ヴェルサイユの宴会はたいしたものだった。

ここで御愛用ということになれば、フランス一、いやヨーロッパ一のワインということになったから、各地のワインは王の寵愛を得ようと猛烈な売り込み合戦をした。その中でダントツの二大ライバルが、シャンパーニュとブルゴーニュだったのである。それぞれにスポンサーと応援団がつき、誰もがこの争いに巻きこまれ、学者たちも二派に分かれ論戦を展開した。まさに世紀のワイン戦争だった。

もっとも、というより忘れてはいけないのは、当時のシャンパーニュ地方のワインは、まだ非発泡のもので、しかも赤だったということである。使う葡萄はブルゴーニュもシャンパーニュも同じピノ種だった。つまり、本質的に同じようなワインだったのである。

通説によれば、侍医ファゴンが晩年病に悩まされていた王に「御健康によいのはブルゴーニュ・ワインでございます」と進言した結果、ヴェルサイユ御用達はブルゴーニュ・ワインになったというのである（真相ははっきりしない）。もっともファゴンはブルゴーニュ出身だったからブルゴーニュをすすめるのは当然で、しかもそのワインは今日のロマネ・コンティあたりのものだったらしい。

一敗地にまみれたシャンパーニュは、捲土重来、なんとか形勢挽回をはかろうと必死になった。そのとき気が付いたのが発泡ワインで、この新開発のワインを武器にしてライバルのブルゴーニュに挑んだのである。

おりしもルイ十四世は亡くなり、摂政《レジャンス》時代に入った。乱痴気騒ぎに浮かれた宮廷で、このニューフェースのワインは陽気な宴会にぴったりだったし、宮廷の主導権をにぎった女性たちのお気に召した。かくてシャンパンは一躍、陽の目をみることになる。

ドン・ペリニョンの功績

シャンパーニュ地方で、ワインの品質向上にあずかって力があったのは、修道僧たちだった。修道僧はドン・ペリニョンひとりでなく、いくつかの他の寺院でも名酒造りにはげんでいた。

ドン・ペリニョン派のライバルとして競いあったピエリー村などのグループもあった。また陰となり日向となりドン・ペリニョンを庇護・支援した高僧もいた。そのひとりがドン・リュイナールである（今日、リュイナール社にその名が残っている）。こうした多くの僧たちの品質向上へ向けての共同作業やつばぜりあいのなかで、今日のシャンパンが生まれたといってよいだろう。

ドン・ペリニョンは盲目だったそうである。生来の素質もあったのだろうが、視界を奪われた人の常として感覚が非常に鋭敏だった。摘まれた葡萄の実を食べて、その採れた畑を当てたといわれるほどだった。抜群の記憶力と鋭敏な感覚を生かし、いろいろ異なった畑や違う葡萄のワインを調合《ブレンド》して完璧に近いものを造りあげた。

また寒冷地であるシャンパーニュ地方は、年によって葡萄のできばえにむらがある。違う年のものを混ぜるということも考えた。さらに当時の醸造技術では、しばしば濁ったり、薄く色がつくワインになった。これを透明で美しいものに完成させたのもドン・ペリニョンだったといわれている。

今日のシャンパンは、いくつかの点で、ふつうのワインと違っている。ことに特徴的なのは、シャンパンは調合ワインだという点である。まずふつうは赤葡萄（ピノ・ノワールとピノ・ムニエ）と白葡萄（シャルドネ）とを混醸して造る。だから白葡萄だけから造った「白の白《ブラン・ド・ブラン》」という例外品もある。

次にいろいろな村、いろいろな畑のものを混ぜて造る。そのため、他のワインのように地区名、村名、区画畑名を名乗ることをしない。また、格付けは村が単位になっている。

さらに異なった年のものを混ぜる。だからワインと違って、ふつうのシャンパンは収穫年度の表示をしない。特に当たり年の場合は、その年のものを中心に仕立てることもするが、その場合だけ年代の表示をする。もしシャンパンのラベルに年代が記載されていれば、それだけでその壜が並みのものとは違う特上品だということがわかる。

良い年のワインをたくさんストックできるメーカーのシャンパンは、当然良い年のものの混入比率が多くなるから、良いシャンパンができる。つまり、良いシャンパンを造りあげられる条件のひとつは、大量ストックができる資力ということになる。そのことが結果的に、シャンパン産業を大メーカー中心、巨大企業の寡占支配という形態にした。要するに、ドン・ペリニョンは泡を閉じこめなかったとしても、今日のシャンパンをシャンパンたらしめた大恩人なのである。

シャンパン・テクニック

シャンパンは泡が立つ。しかし、これは市販されている清涼飲料水と違って人工的に炭酸ガスを注入したものではない。シャンパンの泡は天然であり、その意味でシャンパンは泡が立ってもナチュラル・ワインなのである。泡が自然にできるというと手品のようだが、これは別に不思議ではない。原理的には簡単である。

葡萄をしぼった果汁がワインになるのは、発酵という現象のためである。発酵とは、葡萄果汁の糖分が、酵母菌の働きによってアルコールと炭酸ガスとに分解する過程なのである。

ふつうのワインの場合は、仕込んでいる最中に炭酸ガスは発散してしまうから、アルコールだけが残る。だから、この炭酸ガスを発散させないようにさえすれば発泡ワインができる。原理はこのように簡単だが、いざそれをどのように実現するかとなると、そう簡単にいかなかった。

もともと寒冷地であるシャンパーニュでは、秋の収穫後仕込んだワインが発酵の途中で寒さのためにいったん眠り、春になると目ざめて再び発酵することがよくあった。この途中で封じ込めるとワインが発泡性を帯びることは気付かれていた。発酵の途中で壜詰めすればいいということはわかっても、実用化に難問が横たわっていた。

ひとつは泡の出具合がわからないことで、ことに炭酸ガスが発生しすぎると壜内の気圧が高まり、壜がしょっちゅう割れた（現在のシャンパンの壜内の気圧は、ロンドンの二階建てバスのタイヤと同じである）。大量の壜割れのため破産する者も出てきたほどである。

もうひとつは、壜内で発酵させると発酵をすませた酵母菌の死骸、澱《おり》が壜の中にたまる。壜の中のガスを逃がさないで、どうやって澱だけを抜き取るかである。こうした難問をめぐって開発の工夫合戦があった。壜割れのほうはフランソワという学者が比重計を発明、果汁内の糖度を測定することで発生するガスの気圧度がわかるようになって解決した。澱のほうは、壜を逆に立て壜口に澱をため、その部分だけを凍らせ、澱入り氷の栓のようになったのを抜き取り、すばやくコルク栓に打ち換える技術で解決した。

シャンパンは陽気なワインである。きれいに舞い上がる小粒の泡は見ているだけで気が晴れる。泡のため口当たりはぴりっとして、飲み手の気持ちと胃袋を元気づけてくれる。泡が胃袋を刺激してくれるせいか、アルコールの吸収がよく、酔いが早くまわる。うっとうしい雰囲気は、シャンパンを飲めば一掃され、誰もがうきうきしてくる。こうした雰囲気を生んでくれるお酒は、そうそう他にはない。そうした特性のためシャンパンは世界のどこでも祝宴に欠かせないものになり、シャンパン産業は巨大なものに成長した。

したがって前述のように、この産業は大企業が中心である。数百にのぼるメーカーがあるが、四十社くらいが大手・中堅になっている。激しいライバル競争のなかで二十社くらいが中心になり、さらに合併と吸収を繰り返している。ライバル同士がくりひろげる品質とコストの競争は、飲み手にとって面白いし、歓迎できる世紀の見ものでもある。

赤ワインになじめばシャンパンがわかる

初めにフランスへ行ったのは、今から三十年近くも前になる。ポメリー社の迎賓館でお昼を御馳走になった。ロゼのシャンパンの売りこみに力を入れだした時期だったので、それも出た。「おいしいだろう」と尋ねられ、「あんまり僕の口に合わない」と正直に答えたら、「本当は私もそうなんだ」と副社長が笑っていた。

それ以来、どれほどの量のシャンパンが胃の腑に流れこんだか見当もつかないが、ただいえることは、赤ワインを多く飲み赤ワインになじんでくるほど、シャンパンの味がわかってくるということだ。

パリのソムリエ・コンクールのあと、ソペクサ（SOPEXA・フランス食品振興会）のル・ペシュー氏とモエ・エ・シャンドン社を訪問したとき、ナポレオンを記念した壮麗な迎賓館での豪奢な食事と飲んだリュイナールとドンペリ（いずれも八三年）はリッチで堂々としていてさすがだった。僕はかつてアンチ・ドン・ペリニョン派だった。それというのも、ワインは価格が高ければよいと思っている連中がこれをちやほやしすぎるからだ。007のジェームズ・ボンドが、初めの頃はドンペリばっかり飲んでいるのが癪にさわったが、後になって他のものも飲むようになったので安心したりした。ところが、ある年、日本のさる政府の高官が亡くなり、酒庫の整理をさせていただいたとき、お礼にとドン・ペリニョンの一九七六年ものをいただいた。二十年以上もたっているので――しかも御殿場の別荘の片隅に寝ていた――もう駄目かと思っていたら、その素晴らしさに驚いて以来変節した。

古いといえば、マム社へいったときである。深い地下蔵の利き酒室でマグナム（大壜）の年代物を飲ませてもらったことがある。熟成の極に達した絶品だった、年代をあててみろといわれた。かどのとれ具合からみてすごく歳をとっているはずなのだが、それでいて若さも残っている。熟成が遅い大壜であること、ワインが生まれた場所で寝かされていたことを計算にいれて――信じられない話だが――いろいろ推理を働かせた後でちょっと山をかけて、六一年から六六年の間、たぶん六二年だろうと答えた。六一年ものだったそうで一年違ったが、それでも恥をかかないですんだ。

クリュッグ社のお誘いで、ランス市内のレストラン「ラ・フローレンス」で粋このうえもない食事をさせていただいた。そのとき、アンリ四世に捧げられたという伝説がある若鶏の赤ワイン蒸し煮《ル・プーレ・ソテ・オー・ブージイ》と一緒に出されたのが同社特製のロゼ。それまでシャンパンのロゼなぞ男子たる者飲むものでないときめつけていたのだが、このときから頭の切り換えが必要だと考えるようになった。

シャンパーニュ地方へ行って、唯一軒だけレストランを選べといわれたらどうしたって「ボワイエ」になる。というより、ボワイエへ行かないということは、最高のものを見ないで帰るのと同じだ。トリュフとアスパラガスのポワレ《トリュフ・オー・アスペルジュ》、仔ウサギの背肉野菜添え《ラプロー・ド・ランペロー》のようなお得意の料理はいうまでもないが、鮭料理は絶品だった。しゃれたアミューズのあと、小貝のスープが出て、赤身の鮭を焼いたものが二切れだけ皿にのって出てきた。キャビアとクレソンが添えられているがソースがかかっていない！　そのハーブの香り、火入れ具合と塩かげんはまさしく舌に溶けるようで、日本の板前さんに食べさせたいくらいだった。これと一緒にやったのがサロン。きりっとしたブラン・ド・ブランが、魚料理と美しいデュエット《二重唱》を歌っていた。

もう一軒、ぜひにという店がランスの「ル・ヴィニュロン」。カテドラルの裏の角の古い、ちっぽけな店。部屋中にシャンパンのポスターが貼られ、客はほとんどが地元の業者。ここだとシャンパーニュの地方料理が食べられる。もちろん、シャンパンはほとんどそろっている。ブルゴーニュへ行くと赤ワインで卵を煮た名物料理があるが、ここでは卵をシャンパンで煮る。卵はワインに合わないという説もあるが、これとオムレツは例外。だまされたと思ってためしてみなさいと推賞できるおいしさ。このとき飲んだポール・ロジェは、チャーチルがファンになるのも無理はないできばえだった。

第XI章

樽派対タンク派

シャブリ、一級とグラン・クリュ

「牡蠣にシャブリ」はウソ？

「牡蠣にシャブリ」というのは、美食家たちの合い言葉のようになっている。そのこと自体に苦情を述べる気はないが、食べ物としては荒っぽいといえるあの生牡蠣と張り合えるのは、安いシャブリなんだ。シャブリでも上物になると品がいいから、海の塩水につき合わせたらその味わいはすっとんでしまう。また、シャブリだけが牡蠣に合うワインではない。

ただ、〝牡蠣にはシャブリ〟といわれたのは、それなりのわけがあるらしい。フランスはパリに例をとると、最近のようにトラック急送便が大西洋岸から数時間で運んでくるまでは、海から数日かけて荷馬車でごとごと運ばれていた。鮮度も落ちただろうし、含んだ海水も少なくなっていたから塩水をぶっかけたのだろう。そんな牡蠣と十分張り合えたのが酸の元気なシャブリだったのである。

南仏からくる安物の白は、酸がにぶくて、牡蠣にはとても太刀打ちできなかった。パリでミュスカデとかサンセールが気軽に飲めるようになったのは、戦後もかなりたってからの話である。

シャブリは、ブルゴーニュのワインである。それもディジョンから一〇〇キロも西北にぽつんと離れて孤立しているワイン生産地区である。ここだけがフィロキセラ災害後いちはやく再興できたのは——地元の人たちの根性もあったろうが——なんといっても、その特有の土壌のおかげである。付加価値がついて高く売れるワインを造れたから、復興のための多大な資金と労力の投入が可能だったのだ。

シャブリへ行ってみるとわかるが、良い畑の色は白っぽい。石灰質土壌で、この土壌は北はシャンパーニュ地方に続いているが、西はなんとドーバーの白い崖となって現われている。一九三八年に、AC（原産地名規制呼称）で認められるシャブリの生産地区の範囲と等級を決定する際、キンメリッジ階の土質かどうかがその基準とされた。こうした土質学の概念がAC決定の基準になったのだ。小さな石灰岩層と交互になった泥灰質土壌で、なかには小さな化石が含まれている。この化石はイタボガキなんだそうで、やっぱり牡蠣に縁があるのかもしれない。

ところが、いろいろ研究が進んでいくなかで話がおかしくなった。同じこの地方の畑の土質でもポートランド階とやらに属する部分があるそうで、この土壌の畑からとれたワインはキンメリッジ階のものと変わらないという見解が出てきた。従来、自分のところの畑がキンメリッジ階に属さないということで冷飯を食っていた連中が色めき立った。当然、資格畑の範囲の拡張をめぐって両派が大論争をくりひろげることになった。

この話には、ひとつの伏線がある。話の初めに「上物」のシャブリは牡蠣に合わないといったが、実はシャブリには四つのランク・等級があって、ひと口にシャブリといっても同じではない。等級は次の四つである。

シャブリ・グラン・クリュ　（九七ヘクタール）
シャブリ・プルミエ・クリュ　（六七〇ヘクタール）

シャブリ　（約二〇〇〇ヘクタール）
プティ・シャブリ　（約二六〇ヘクタール）

玉石混淆のプルミエ・クリュ

このうち、グラン・クリュとプルミエ・クリュは区画畑《クリマ》ワインで、素性がはっきりしている。シャブリとプティ・シャブリは地区《セミ・ジェネック》ワインで、指定された地区内ならどこからとれたものでもいいし、あちこちのものを混ぜ合わせてかまわない。

グラン・クリュはラベルに「シャブリ・グラン・クリュ」と大きく書き、その下にクリマ名を添える。プルミエ・クリュは「シャブリ・プルミエ・クリュ」（1er とも書く）または大きく「シャブリ」と表示して、小さくプルミエ・クリュを表示し、それにクリマ名を添える。「シャブリ」と「プティ・シャブリ」はその名前だけ。つまり、ラベルにクリマ名が刷られているかどうかで、上物か否かの区別はすぐつくわけである。

グラン・クリュの畑は昔から決まっていたし、これが一九二〇年正式に決められた以後、ほとんど変わっていない。シャブリとプティ・シャブリは毎年増加傾向にあり、地元の人たちはプティを敬遠してシャブリのほうを増やしたがっているが、その気持ちはわからないではない。「ちっぽけ」といわれたのでは困るわけだ。

問題はプルミエ・クリュなのである。いままで単なる「シャブリ」だったものが、プルミエへと一格上がれば、売れ行きも値段も変わるから、指定されるかどうか、農家としては目の色を変える。そこへポートランド説が出たものだから、都合のいい連中はこれにとびつき、わが家の畑を格上げさせようとたくらむ。逆にどうみても首をかしげるところまで一級にされたとなると腹を立てる親爺も出てくる。

　がまんできなくなった連中が「真正シャブリ擁護組合《ル・サンディカ・ド・ラ・デファンス・ド・ラペラシオン・ド・シャブリ》」を結成して拡大を阻止しようとすれば、拡大派に与《くみ》する生産者たちは「シャブリ酒造連盟《ラ・フェデラシオン・デ・ヴィティキュルテュール・シャブリジアン》」の旗の下に結集した。この両派は、一級畑を新しく認定する段になると、ライバル意識を燃やして激しくやり合っている。そんないきさつがあるものの、一級畑拡大派は優勢で（なんといっても多数派だから）、一級畑がすごく増えてしまって、二十くらい散在していた一級区画畑《クリマ》が四十近くになってしまった。

　そうなると消費者はもちろん、扱う業者にしても、そういちいち名前を覚えられるものでない。これではまずいと気がついて、有名なクリマを中心にして、その近くにあるものはその有名なクリマを名乗れるようにして、数を十七ほどに整理した。

　いうまでもなく、土質の違いは基本的にワインの質を決定するが、シャブリのように寒い地方では、同じ斜面畑でもわずかな向き（日照度の違い）がばかにならない。もともと南面畑と北面畑では段ちがいの差が出てくる地方なのだ。

　優れた一級畑はどれもが南面の日当たりの良い畑である。一級畑のシャブリは——造り手さえしっかりしていれば——実に優美なワインを生む。無理してグラン・クリュに手を出さなくてもいいいものさえある。

グラン・クリュは別格

グラン・クリュのシャブリはすばらしい。

ふつうのシャブリしか飲んでいなかった人に、グラン・クリュものを味わってもらうと、たいていい「えっ、これがシャブリ!」とか、「シャブリってこんなに品がいいの!」という答えが返ってくる。

優れた造り手が丹精こめて造りあげたグラン・クリュものは、繊細・精妙・気品・優美がそなわったワインである。はんなりと緑色を帯び、きらりと輝く淡黄金色。かぐわしく、火打石《フリント》の匂いがするといわれる芳香。滑らかで、しっかりと酒肉がつき、きりっとした酒軀《ボディ》。そして全身がさわやかになるような切れ味のよい酸味、そして余韻も長い……。

こうした洗練された辛口白ワインには、それにふさわしい、味の濃くない料理を選んでやらなければいけない。生牡蠣では、その良さが殺されてしまう。

グラン・クリュも、もう少し詳しくいうと、七つの区画《クリマ》に分かれている。この特級畑はシャブリの町を出るとすぐ北に見える。斜面全体としては南西を向いているが、擂り鉢を半分に切ったような、真ん中が凹んだ斜面である。そのため、東側はやや南西むきになり、西側はやや南東向きになる。東側から西へと、ブランショ、レ・クロ、ヴァルミュール、グルヌイユ、ヴォーデジール、レ・プルーズ、ブーグロの順に並んでいる。

どれが良いか、これも一概にいえないが、従来はレ・クロがトップとみなされ、名声も高かった。しかし最近では、ヴォーデジールやヴァルミュールの評価も高い。面白いのはグルヌイユで蛙という名前だが、気のせいか他と比べてなんとなく薄く、水っぽい気がする。とにかくグラン・クリュを買うなら、どのクリマかを気にするより誰が造ったワインかを気にしたい。クリマ名より、造り手のほうがたがいにライバル意識は相当なものだから。

「樽派」か「アンチ樽派」か

実はシャブリには面白い対立がもうひとつある。どちらかというと狭い一地区のなかで、これほど酒造りについてはっきりした対立があるところはめずらしい。「樽派」と「アンチ樽派」の対立である。

「樽派」は、初めから樽のなかで発酵も熟成もさせる。もっとも、発酵はタンクで行なうが熟成は樽で行なうところ、発酵はタンクで行ない樽熟成は行なうがまたタンクに戻すところなど、樽の使い方は必ずしも一様でない。

樽派は、樽を使うことによって、ワインにふくらみが出るし、香りも優雅になり、風味も豊かになるし、寿命も延びるという。

「アンチ樽派」は、発酵から熟成まで一貫してステンレスまたはコンクリート（内部はガラスなどのコーティングがしてある）のタンクで行なう。

タンク派は、樽の使用でシャブリ本来の香りと風味がそこなわれるし、原料になる葡萄さえしっかりしていれば、タンクでも立派にその素質は育つという。

両派にそれぞれ応援団がいるから、いつまでたっても決着はつかない。ただ私の知るかぎりでは、アメリカ人に樽支持派が多く、フランス人とイギリス人にはタンク支持派が多い。

私としてはどちらが良いといえないし、樽派のワインで失望させられたこともあるし、タンク派のワインで「どうして、こんなに！」と驚かされるワインを味わったこともある。むしろやっぱり造り手次第という気になる。ためしに、両派のワインを並べて味わい、比べてみたらいい（ワイン専門の店なら、並べてあるシャブリはいずれか教えてくれるはずである）。そう単純に割り切れるものではないことがわかる。

これも、飲み手にとって、いつまでも続いて欲しい、楽しいライバル合戦である。

ワインはこわい、シャブリはこわい

シャブリは戦後かなり早くから輸入されていて、私も一九五〇年末にはもう飲んでいたが、当初はボルドーのネゴシャンものだった（クリューズ社とかモルチェ社など）。一九七一年に初めてシャブリに行った。街角のカフェ「オー・ブライ・シャブリ」で、生まれて初めて地元の新鮮なやつに出会い、「シャブリって、こんなワインだ!」と叫んだものだった。

カリフォルニアのイミテーション・シャブリを日本から追放する闘いを始めたため、敵をやっつけるにはまず味方の実力を知らなければと、一生懸命シャブリを飲んだ。たぶん、日本人のなかで一番シャブリを飲んでいるだろう。

マルセル・ゼルヴァン、ドーヴィサ、ウィリヤム・フェヴレなど名だたる酒造元をひと通りまわっているうちに、牡蠣に合うのは普通のシャブリで、グラン・クリュものはもっと繊細な食べ物でないと合わないこともわかってきた。

この三十年来、シャブリにも地殻変動が起きている。かつて最高のシャブリといえば、モロー家のグラン・クリュ「レ・クロ」だったが、今ではその名声はない。今、とても飲みよいシャブリを出して人気の高いラ・ロッシュも、先代は研究熱心だったが頑固親爺だった。造るワインはかなり個性的で、誰もが好きになるとは限らなかった。また、最近ではロワールのラドゥセット男爵《バロン》までがシャブリに乗りこんで来て古いドメーヌを買収したりしている。

「本物のシャブリを守る団体」を組織し、そのリーダーになっていたのはウィリヤム・フェヴレ氏だが、今ではグラン・クリュ畑の最大の持ち主。同家の派手ではないがシックなダイニングルームで何回か御馳走になった。ブルゴーニュ名物シャルキュトリ（冷たい豚肉料理、パセリ入り豚ハムのゼリー寄せなど）をオードブルにして、メインは魚料理。焼くにしろ煮るにしろ、あっさりした味つけで、レストランのように、濃厚なソース漬けになっていない。オランデースのようなマヨネーズ・ソースも自分の好みで適当に使う。プティ・シャブリから特級ものまで格の違うものを順々にやったり、違うグラン・クリュ畑のものを飲み比べたり……。ひと口にシャブリといってもかなり違うのを舌で実感した。

一九八八年には、イミテーション・シャブリを日本から追っ払うため奮闘している功績とやらで、お祭りの主賓として招待された。教会のミサ、村をねり歩く行進、気球《バロン》あげなどの儀式が終わった後の饗宴。滓取りブランデー《マール・ド・ブルゴーニュ》で味つけした鶏の肝臓薄パイ包み《ル・フイユテ・ド・フォア・ド・ヴォライユ》から始まって、鮭の焼物すかんぽ風味《ル・ソーモン・グリエ・ア・ロセイユ》、葡萄育ち蝸牛のオムレツ《ロムレット・デスカルゴ・デ・ヴィーニュ》、そして肉料理は鴨の薄切りカシス風味《レマンス・ド・カナール・オー・カシス》だった。

ワインのほうはまずふつうのシャブリ一九八七年が出て、次は一級のコート・ド・レシェ八六年、モン・ド・ミリュー八五年、シャプロの七八年が出た。かたつむりのときにグラン・クリュのヴォーデジール八六年、ブランショの八五年、レ・プルーズの八三年。鴨のときにセザールというブルゴーニュの赤の地酒八二年が出て、チーズのときはエシェゾー八二年とマジ・シャンベルタンの九七年だった。この後のデザートコースで、ブルゴーニュの発泡ワイン《クレマン・ド・ブルゴーニュ》が出され、しめくくりは滓取りブランデー《マール・ド・ブルゴーニュ》。

これだけのワインが出ると、そっちのほうに気がいって、料理のほうは気もそぞろ。味もわからず、ただひたすらにおなかの中へ流しこむ。まともにやったらたまらないと、胃をさすりながらグラスのワインをちびりちびりやっていると、すぐまた注ぎ足しにくる。お酒に決して弱いほうではないが、終わりの頃になると相当へたばってくる。始まったのがきっかり一時で、終わったのはなんと七時半。それでも「日本男子たるもの、負けてたまるか」とがんばった。

それより参ったのは、まわりのゲスト。農林大臣、知事、裁判官、地元委員会のボスというお偉方で、それぞれ夫人同伴。僕のカタコト・フランス語ではとても場がもたない。周りの話にいいかげんな相槌をうち、ときにはわかりもしないジョークに一緒に笑ったふりをする。まったく拷問のような六時間だった。

翌日、まったく同じ料理・同じワインの宴会――周りの顔ぶれだけが違って――にまた出なければならなかった。しかもワイン貯蔵用の地下蔵を仮の会場にしただけだから、暖房はない。十一月だったから底冷えがして、それに冷たいワインをしこたま注ぎこむのだから腰から下はすっかり冷えこんでしまった。

二日目が終わってホテルのベッドにころがりこんだとき、風邪をひいてしまっていて、翌日はダウン。友人たちにはうらやましがられたが、こっちは苦しみひとしおだった。ただ、二日目の最後に、一九四七年のマグナムというシャブリの古酒が出たが、これには驚かされた。四十一年という歳月を経ているのに、生気を全く失っていなかったのだ。ワインはコワイ！

第XII章

ナポレオンとシトー派修道院

シャンベルタンとクロ・ド・ヴジョー

ナポレオン伝説にぴったり

「ナポレオン」ブランデーというのがあって、銀座の高級バーあたりで、ホステスの歓呼とママの微笑のために飲まれている。名前の由来について、一八一一年が葡萄の世紀の当たり年で、皇帝待望の長子が誕生したのでそれを記念したとか、敗退の皇帝がモスクワから持ち帰ったのが珍重されそれが名に残ったとか、真偽定かならぬ逸話がある。実際にその名が世界に広まったのは、皇帝は皇帝でもナポレオン三世のときかららしい。

コニャックは別として、ナポレオンの愛飲酒として有名になったワインは、シャンベルタンである。ブルゴーニュで一番雄々しいワインなので――ブルゴーニュ・ワインは男とされているから――男のなかの男として、ナポレオン伝説にぴったりだったのだろう。

もっとも、これにクレームをつけるモーリス・ヒーリイという作家（いうまでもなく英国人だが）がいて、「ナポレオンはガツガツ早飯食いの味音痴だったし、進攻が早すぎて糧秣が間に合ったためしはなかったから、飲むのはいつも占領地の地酒だった。しかも本人は下戸だったから一口飲む程度にすぎない」といっている。

ナポレオン本人が飲まなくても、幕僚が飲みたかったのかもしれない。ちなみに、当のシャンベルタンの畑があるジュヴレイ・シャンベルタン村は、ナポレオンに冷たくて、村の親爺さんたちもあまり話をしたがらない。熱をあげているのはお隣りのフィーサン村で、ナポレオンの名前をつけた区画畑《クリマ》もあるし、ナポレオンの銅像を据えた公園まで造っている。

誰かが少しくらいけちをつけたとしても、シャンベルタンの令名はナポレオンのイメージとともに世界中に響きわたった。それというのも、シャンベルタン自体が世界の愛飲家の憧れの的となるにふさわしい名酒の素質と資格を持っていたからである。

ブルゴーニュ・ワインの最高のものを出すのは黄金丘陵《コート・ドール》だが、そのなかでも北半分のコート・ド・ニュイは赤ワインで卓越している。さらにそのなかでも最高峰といえば、シャンベルタン、ロマネ・コンティ、クロ・ド・ヴジョーとされてきた。このいわば赤の極上酒の御三家は、最高のいわばライバル同士だった。今ではクロ・ド・ヴジョーはしばしば疑念の目で眺められているし、シャンベルタンのほうは条件つきでないと賞められない。それには理由があり、ブルゴーニュにおける畑の細分化所有のせいなのである。ロマネ・コンティはそれをまぬかれているために名声が落ちたことがない。

ピンキリのシャンベルタン

シャンベルタンが生まれる区画畑はジュヴレイ村にある。ディジョンの少し南から、日本の東海道に当たる国道七四号線沿いにずっと南へ伸びる黄金丘陵《コート・ドール》のうち、有名なワイン村としては北から二つ目になる。

東南向きのなだらかな斜面のほぼ真ん中あたりに名酒街道《ルート・ド・グラン・クリュ》と愛称がつけられた小道が走っているが、その小道の上側（地理的には西）沿いである。ここに、シャンベルタンと、シャンベルタン・クロ・ド・ベーズというおまけがハイフンでつく二つの区画畑《クリマ》がある。この二区画からとれたワインが格付けグラン・クリュ、そして正真正銘のシャンベルタンなのである。

中世、ここにベーズ修道院の畑があり、石垣《クロ》で囲ってクロ・ド・ベーズと呼ばれるようになった。そこで修道僧たちがとても良いワインを造っていることに気がついたベルタンという農夫が、その隣りの土地を買うか借りるかして葡萄畑にした。このほうはベルタンの畑だったから、シャン・ド・ベルタン（シャンは畑の意味）と呼ばれ、それがつまってシャンベルタンになった。クロ・ド・ベーズのほうが先輩格で優れたワインを出していたのだが、シャンベルタンのほうが有名になってしまった（クロ・ド・ベーズを支配していたのがクリュニーの修道院だった。お坊さんたちは自分たちだけが飲みたくて他人に売らなかったから知名度が上がらなかったのかもしれない）。

十八世紀の初めに、この二つの畑を手に入れたニュイ・サン・ジョルジュのクロード・ジョベールという男は金持だったし、名士でもあった。もともと優れたワインを生む畑だったのをワイン造りのほうにも磨きをかけて、その名声を揺るぎなきものにしたのである。その名声を誇りにした当人は、ジョベール・シャンベルタンと改姓したくらいである。

話がそれですめば簡単なのだが、それからがややこしくなる。手短にいうと、このグラン・クリュの区画があるジュヴレイ村で、シャンベルタンの名声がうらやましかった村民があれやこれやと画策運動をした結果、ジュヴレイという村の名にシャンベルタンをくっつけて名乗ることに成功したのである。その後、二十世紀に入って、AC法の制定に伴って、村名と区画畑名の表示方法が決まった。その際格付けも法的に決定した。その結果、現在の次のようなややっこしい表示方法になってしまったのである。

グラン・クリュ（別格）：シャンベルタンとシャンベルタン・クロ・ド・ベーズの区画畑のワイン

グラン・クリュ：シャルム、シャペル、グリオット、ラトリシエール、マジ、リュショットの六区画畑のワイン

プルミエ・クリュ：二十五ほどの区画畑《クリマ》のワイン

村名ワイン：単にジュヴレイ・シャンベルタンと表示するワイン

これはどういうことを意味するかというと、次のようなランクがあることを意味している。まず、正真正銘のシャンベルタン（単にシャンベルタンというだけのものと、それにクロ・ド・ベーズがつくもの）が二つあり、それと別に六つの特級《グラン・クリュ》のシャンベルタンがある（区画名を先に書いて、シャンベルタンの名前がハイフンの後に続く）。

次に一級ものがある。ラベルにはジュヴレイ・シャンベルタンと大きく記載するが、その下に小さくプルミエ・クリュの表示と畑名を記載する。このてのラベルのものはかなり筋目正し

いワインだということになる。

そして最後に村名ワインがくる。ラベルに単にジュヴレイ・シャンベルタンとだけ名乗っているワインは、いわば村名ワイン。この村のどこかの畑で取れたもの、あるいはそれらをまぜあわせたものなのである。

このうち、特級ものは——正真正銘のシャンベルタンでなくても——造り手次第でかなり大物のワインになる。われわれ懐具合の暖かくない飲み手にとって大切なのは、一級ものの中には実に優れたものがあるということである。Le Clos St-Jacques, Les Cazetiers, Les Vérroilles (Clos des Varoilles), Combe-aux-Moine, Lavaut, Champeaux という名前を見つけたら、まず見逃さないことだ。決して失望することはないはず。

それに反し、ジュヴレイ・シャンベルタンは用心したほうがいい。造り手が確かなら、なかなかのものになるが、まず一級ものにかなわない。なかには心なき業者の手にかかるもので、シャンベルタンの名前が泣きそうなひどい代物もあるのだ。

話はこれだけでは終わらない。ブルゴーニュ特有の区画畑の細分化の問題がひかえている。シャンベルタンは約一三ヘクタール（年産約五万本）の畑を、なんと二十三軒ほどで分けあっている。クロ・ド・ベーズのほうは一五ヘクタール（年産約六万本）ほどの畑を十八軒くらいの所有者がそれぞれ区分所有しているのだ。

造り手が違えば当然ワインも違う。それぞれライバル意識を燃やして評価を競い合っている。

極端ないい方をすれば、正真正銘のシャンベルタンですら、二十以上の違ったワインに仕立てあげられているのだ。だから現在、本物のシャンベルタンも「酒造りの名手の手にかかったもの」という条件つきでないと賞められない。

しかし、優れた造り手が育てたシャンベルタンはすばらしい。ほれぼれするような鮮紅色、実に格調高い芳香、絶妙な舌ざわり、豊かな酒軀《ボディ》、酸、タンニン、果実味その他の要素の完璧なバランス、爽快な喉ごしと長い余韻。実に雄々しいワインで、飲んで天気晴朗、気宇壮大という気分になる。

要するに、シャンベルタンは信頼できる酒屋から買ったらいいのであって、この村の区画畑《クリマ》と生産者に精通してないかぎり、ディスカウント・ショップでシャンベルタンなどには手を出さないほうがいい。

シトー派修道院のワイン

クロ・ド・ヴジョーの名声が高いのは、その歴史による。中世の宗教界を支配したのはマコンの西にあるクリュニーの修道院で、最盛期には千五百ほどの分院を持ち、ヨーロッパ随一の宏壮な寺院を建ててその繁栄を謳歌していた。栄耀栄華に溺れ、お坊さんたちは堕落した。

それと袂《たもと》を分かって修道院生活の原点に立ち返ろうとした一部の修道僧たちがニュイ・サン・ジョルジュの近くの荒野に小さな修道院を建ててたてこもった。その場所が葦《シトー》の生い茂ったところだったからシトー派と呼ばれた。

このシトー派も後に大きな勢力に発展するが、葡萄栽培とワイン造りに精を出し、ブルゴーニュ地方のワインの品質向上の牽引車的役割を果たした。本院のあるところは葡萄栽培向きでなかったので、少し西手の黄金丘陵の一画を買ったり寄進を受けたりして、葡萄を栽培した。初め小さかった畑も次第に広くなり、石垣《クロ》で囲った。それが今日のクロ・ド・ヴジョーなのである。ブルゴーニュ・ワインを今日のように育て上げた本家本元の存在なのである。由緒と伝統が名声を築きあげたのだ。

ただ、クロ・ド・ヴジョーの泣きどころは広すぎることだった。「ラルマ」という有名な葡萄畑の地図があって、黄金丘陵《コート・ドール》の北から南まで多数の区画畑《クリマ》が、詳細・克明に記されている。この地図は、特級畑と一級畑、村名畑を色で塗り分けているが、特級畑《グラン・クリュ》は、サンドウィッチのハムのごとく、細長く伸びる斜面畑の中心を帯のように走っている。

これは何を意味するかというと、黄金丘陵の東向き斜面の、ほぼ真ん中あたりが特級畑のある場所なのである。これには土質、地勢、方位などいろいろな理由がある。ただ、優れた畑は斜面の中ほどで、下のほうへ行くと凡酒、駄酒しか生まないということははっきりいえる。不思議なようだが、とにかくそうなのだ。

ところが、クロ・ド・ヴジョーの畑は、単に広いだけでなく、斜面の上のほうから、裾の国道七四号線のところまで広がっている。昔は、上と下のワインを混ぜてしまうなどということもやっていたのかもしれない。

フランス革命時に修道院の畑は国に没収され、競売にかけられ、数人の人の手に渡った。その後相続があったり、フィロキセラ災害のときにさらに細分されて売られたりして、広大な畑はこまぎれ状態になってしまった。誰もがたった一畝でもこの有名な畑の持ち主になりたかったのだ。

原産地名呼称の範囲と格付けを定めるときにきちんと整理すればよかったのだが、反対多数の声にとてもできなかったのだろう。乱暴なことに、この広大な囲い《クロ》畑を極上畑と駄畑をひっくるめて全部特級にしてしまったのだ。それが飲み手の間に誤解と混乱を生む結果となった。六〇ヘクタールもあるこの広い畑（シャンベルタンはわずか一三ヘクタール）を百七区画ほどに分け、なんと八十軒もが区分所有し、それぞれがおのがじし自己流のワイン造りをしているのだ。所有者の中には、名門・名手もいれば、いいかげんな黒い羊もいた。それが勝手に自分のワインをクロ・ド・ヴジョーの令名で売りさばいていたのだ。名ライバルの競争どころか、乱戦・混戦もいいところで、滅茶苦茶な状況だった。

しかも秘密主義で、具合の悪い場所を持っている連中が正直に自己申告などしたためしがない。それでどのクロ・ド・ヴジョーが良いのか悪いのか、壜の買い手はさっぱり見当がつかなかった。知っている業者にしても、いざ売る段になると頬かむりをした。こうなってくると期待はずれに落胆する飲み手が出てくるのと悪評が立つのは当然で、クロ・ド・ヴジョーの評価は地に墜ちてしまった。

　この状況を打ち破ったのが、アンソニー・ハンソンという英国の若いワイン・ライター。一九八二年に著書『バーガンディ』の中で、クロ・ド・ヴジョーの区画と持ち主の関係を詳細にすっぱ抜いてしまった。当然ひと騒動が起こった。現在では、ブルゴーニュのワインの権威といえるフランソワ・バザン氏が『ル・グラン・ベルナール・ド・ヴァン・ド・フランス』というシリーズ本の中の『ル・クロ・ド・ヴジョー』でこの点をはっきりさせるようになった。だから今では、少し調べれば、誰の造っているクロ・ド・ヴジョーが傑出しており、誰のがまともで、どこのが感心できないかが、おおよそわかるようになっている。

　ここでもいえることだが、ブルゴーニュ・ワインは誰が造ったものかというのがすべてなのである。現在優れたクロ・ド・ヴジョーの造り手が二十軒くらいあり、そのライバル合戦は壮麗である。こんな場所でたいしたワインができるはずがないというところから、驚くような逸品を造り出している醸造元がある。やはり優れたワインは人智と努力が造りあげるものなのだ。

　数年前にシャンベルタンの畑のすぐそばに、レストラン「ミレジム」が開店した。マダムを中心に、兄がシェフ、弟がソムリエ、妹がサーヴィスと家族ぐるみで取り組んでいる楽しい店だ。ここのセラーのシャンベルタンのストックと、ワインリストの品揃えはたいしたもので、シャンベルタンに関するかぎりフランス一だろう。リストのワインを片っぱしから飲んでやろうと思っているが、ちょっとやそっとでできる話ではない。

第XIII章

禿げ山と鼠のひととび

モンラシェとムルソー

ブルゴーニュの白

この本の初めに、ブルゴーニュとボルドーとのライバル関係にふれた際、辛口の白ワインにかぎっては、ブルゴーニュに軍配があがると述べた。ということは、ブルゴーニュは世界最高の辛口白ワインの故郷だということになる。

旧大陸のイタリア、スペイン、ポルトガルなども実に多種多様な白ワインを出しているし、そのなかには傑出したものもあるが、全体としてみると、ブルゴーニュの辛口白ワインにはかなわない。

また、カリフォルニア、オーストラリア、南アフリカ、チリなどの新興国も、最近の発展ぶりには目を見張るものがあり、なかには驚くべき逸品が現われだしていることは事実だが、総体的にみると、まだブルゴーニュを追い抜いていない。どこか毛並みが違うのだ。

また、フランスにしても同じで、ロワールは楽しい白ワインの産地だし、白専門のアルザスも最近では名誉挽回が著しい。ボルドーもブルゴーニュに負けじと辛口白ワイン造りにやっきになっている。また、南仏のごく一部で名品といわれる白がないわけではないが、今のところ優れた辛口白ワインになると、ブルゴーニュの王座は揺るがない。

それというのも、使っている白葡萄のシャルドネに原因がありそうである。この白の高貴種の葡萄で、ブルゴーニュは世界最高といえる辛口白ワインを出しつづけてきた。原産地がよくわからない葡萄で——マコン地区にシャルドネという村があるが——長い間、ピノ種が突然変異したものと考えられてきた。最近では、これに異説も出ている。

ブルゴーニュがこの葡萄であまりにも優れたワインを造りあげるものだから、世界各地のワイン産地は、目下のところシャルドネ育てに夢中である。赤はカベルネ・ソーヴィニヨン、白はシャルドネが世界的流行といってよいほどである。シャルドネで大ヒットしているのがカリフォルニアで、質量ともにかなりのものになってきた。

しかしブルゴーニュものとはどこかが違う。むしろ同じ葡萄を使ってまったく違ったワインを造りあげてしまった、といえるようである。しかし、世界のあちらこちらで、ブルゴーニュの白と張り合える有力なライバルが現われてくるのも、そう遠い将来ではないかもしれない。

白を極める

ブルゴーニュで、赤、白ともにトップ級の名酒を生むのは黄金丘陵《コート・ドール》である。その北半分のコート・ド・ニュイ地区と、南半分のコート・ド・ボーヌ地区（それぞれ中心となる町の名前をとっている。コートは肩とか丘陵という意味）は、地勢を始めいろいろな面で違っていて、そのライバル意識は相当なものである。旗印でいえば、源平合戦のように紅白。

なんといっても、ロマネ・コンティ、シャンベルタン、クロ・ド・ヴジョーの御三家を始めとして、赤の最高のグラン・クリュは、コート・ド・ニュイに集中している。ボーヌのほうは、コルトンを除いて、赤のグラン・クリュはない。ポマール村やヴォルネイ村の名区画畑《クリマ》のもので、名だたる名手の手になるものは、ニュイの上物の赤と十分張りあえるが、今のところまだグラン・クリュに格付けされていない（これはどうみても不公平だとして、格付け改訂の動きもある）。

ところが、白になると、断然ボーヌのほうが優勢になる。コート・ド・ニュイにも、ミュージィ・ブランとか、ヴジョー村の片隅で生まれる白が全然ないわけではないが、いわば例外的存在の稀少品。全体としてみると、ニュイには白がないといわれても仕方がない。こと白に関するかぎり、南のコート・ド・ボーヌの独壇場で、こればかりは北のニュイが歯ぎしりしてもかなわない。

ブルゴーニュ全体でみると、北のかなたに孤立的存在のシャブリがあり（コート・ドールのさらに北でも名酒シャブリが生まれるのに、ニュイでは白がだめなのは面白い）、コート・ド・ボーヌの白の名酒群がどかんと中央にひかえ、その南にはシャロネーズとマコンの白が続く。

マコン地区の最南端には有名なプイイ・フュイッセが控えているし（第XIV章参照）、シャロネーズにも、ブーズロンとかリュリィなどけっこういい白を出すところがないわけでないが、やはり辛口白の名酒の故郷といえるのはコード・ド・ボーヌ地区になる。

コート・ド・ボーヌ地区は、北のコルトンから始まって南のマランジュまで十八ほどの村がある。それぞれ白を出す村もあり、出さないところもある。北端にコルトン・シャルルマーニュという別格的存在の白の名酒があるが、なんといっても、中核になるのは、ムルソー村とピュリニイ及びシャサーニュのモンラシェ村なのである。三村とも、コート・ド・ボーヌ地区の南部の隣り合った村である。

ところが、隣り合っていながら、不思議とまったく違ったタイプの白ワインを生む（もっとも、どちらがどちらともわからないようないいかげんなものもないわけではない）このブルゴーニュの両横綱ともいえるムルソーとモンラシェ系の辛口白ワインは、まさに名ライバルで、それぞれの違いを比べて味わうのは、まさにワイン愛好家の逸楽である。ワイン愛好家たらんと志す者、ムルソーとモンラシェにシャブリを加えて、その違いをさぐるべきだ。優れた白ワインは、実に個性豊かで、奥が深いものであることを悟らされるだろう。

優しきムルソー

一九四二年、カミュの『異邦人』という作品が発表された。フランス現代文学といえば、ロマン・ロランとかアンドレ・ジッドに心酔していた文学青年たちにとって衝撃的作品だった。無意味な生活を送っている主人公が無意味な殺人を犯すというプロットだが、その主人公の名前がムルソーだった。語源は、古代ローマ語の muris saltus つまり「二十日鼠のひととび」だそうである。

このムルソーの名前の由来と語源については諸説があり、フランス人は面白がって、しかも真面目に論戦している。

農家の軒先の、二十日鼠がひととびくらいのところに葡萄畑があるとか、赤と白との葡萄の畝が鼠のひととびくらい近いとか、ローマの軍兵たちが重い装備を背負ってもひととびで越せるくらいのちっぽけな小川があったからだとか……。

名前も楽しいが、ムルソーは味のほうも楽しいワインである。ムルソーは麦わら色《ストロー・カラー》と呼ばれるようなかすかに緑がかるやさしい色をしていて、香りもふくよかでおとなしい。リンゴや桃、ナッツやシナモンのような果実香とか、日なたぼっこをした女の子の髪の毛のにおいのような、どこか陽気で明るい感じがする特有の香りをもっている。

口当たりはソフトでゆったりして、肉づきも柔らかく、酸味が強く出ないので、後味は豊かな果実のためにかすかに甘く感じるくらいである。

ついでに、モンラシェ系のほうもいっておくと、このほうはやや色の濃いものが多く、歳をとると鮮やかな黄金色になる。香りは高く強いが、どこか冷たくよそよそしいようなところがあり、「シャブリの火打石」といわれる特徴にさらに金属を帯びさせたような感じである。

口当たりは滑らかだが、ムルソーがビロードとすれば、こちらは絹のようにさらさらした触覚である。味わいは、豊潤だがムルソーのような暖かさがない。酒肉は決して痩せてこそいないが、果実味が凝縮してきりっとしまった感じである。酸味がきわだっていて、硬くはないが鋭い冴えがある。総体的に、ソフトとかだれたようなところがなくどことなく厳しい風情があり、しばしばその味わいは鋼《スチール》にたとえられる。鋼といっても、日本刀の雰囲気である。ムルソーが植物質とすればこちらは金属質。

ムルソー村はかなり広く全体で四三七ヘクタールもある。コート・ド・ボーヌもこのあたりまでくると、急斜面はかなり西の奥手にひっこみ、畑のかなりの部分はごくわずか傾斜するだけの平坦な畑である。この広い平坦な部分でとれるのが、ムルソーだけを名乗る村名ワインになる。これも造り手次第では良いものもあるが、期待はずれのもの、どうみても賞められないものも少なくない。ちなみに、ムルソーは赤も少し（九万本くらい）出している。

この村の奥の斜面の部分、それも左手（南）に一級《プルミエ》クリュが集中している。一級畑は二十近い区画畑《クリマ》に分かれているが、傑出しているのが三つある。ペリエール、ジュヌヴリエール、レ・シャルムで、この筆頭御三家というべきワインがグラン・クリュに指定されないのはおかしいという声も多い（一級畑のうちル・ポリュゾ、レ・ブシェール、レ・グット・ドールなどの区画畑《クリマ》も評判が高い。また一級に格付けされていないが、ル・リムザンなどの優れた区画畑もある）。この三つのライバルのうち、どれをトップとみなすかは、見解が分かれるところ。

ペリエールは、全体に格調高く洗練、ジュヌヴリエールは芳香秀逸で全体として優雅、レ・シャルムは香り芳醇、全体として優美かつ官能的といったらよいだろうか。レ・シャルムはしばしば日本の宮内庁の賓客レセプションに顔を出す。優劣つけがたいムルソーの三ライバルは、一度は挑戦するに値するワインである。

モンラシェの飲み方

さて、モンラシェ。これは命名法が複雑なので、いつも誤解の種になっているワインである。誤解を生む点では、シャンベルタンといい勝負である。細かいところは省いて、ごくわかりやすくいうと、まず特《グラン・クリュ》級、一《プルミエ・クリュ》級、村名ワインの三つのランクがある。

村名ワインは二つある。モンラシェという極上畑がピュリニイ村とシャサーニュ村の境界のところに両方にまたがってあるために、両方の村名ワインは、それぞれ「ピュリニイ・モンラシェ」と「シャサーニュ・モンラシェ」と名乗りを上げている。一般に決して悪くはないのだが、どちらも村名ワインだからそう傑出したり個性が強く出るものがない。なかにはお粗末なものもあるから、ラベルにモンラシェと書いてあるからといって——ピュリニイあるいはシャサーニュの文字がハイフンでつなげてあったら——極上のモンラシェと同じものと思ってはいけない。それとは雪と墨のようにちがうので、この命名法も罪つくりである。ピュリニイとシャサーニュの村は積年のライバルだが、どうもピュリニイのほうが形勢がよさそうである。なおシャサーニュはかなりの赤も出す。

モンラシェの「一級もの」は、ラベルに前記の二つの村名のうちのどちらかが大きく表記されているが、一《プルミエ・クリュ》級の表示と区画《クリマ》畑名が小さく書かれている。このなかにはたいしたものがあって、優れた造り手のものは、下手なグラン・クリュに負けない。ことにカイユレとピュッセルの区画のもの。それに次ぐのがクラヴァイヨン、レ・フォラティエ、ラ・トリュフェールやレ・ペリエールなどの区画のものになる。これらもワイン通だと自慢したかったら、ねらってよいワインである。

問題は「グラン・クリュ」である。実はグラン・クリュも三つある（正確には五つ）。トップが、何も他の名前がつかない、ただの「モンラシェ」（間違えてもらいたくないためか、定冠詞の「ル」をつけるラベルもある）。次が「シュヴァリエ・モンラシェ」。そしてその次が「バタール・モンラシェ」である。

斜面畑の中ほどに、二つの村を貫いて北から南に走る農道がある。その農道ぞいの上側（西側）にモンラシェがあり、下側（東側）にバタール・モンラシェがある。シュヴァリエはモンラシェのさらに上側斜面になる。このうちのなにもつかない「モンラシェ」が、モンラシェの中でも正真正銘のモンラシェで、世界最高峰の栄冠をいただく極上ワインである。

シュヴァリエはいろいろ議論はあるが、年と造り手次第ではモンラシェと互角の勝負をする名ライバルと見るのがおおかたの評価である。バタールのほうは前二者とは質と値の両方で差がつく（バタール・モンラシェの中にさらにヴィアンヴニューとクリオという小区画があるが、バタール自体と違いはほとんどないから同じものと思ってよい。この二つの小区画を加えると、グラン・クリュは五つになる）。シュヴァリエは騎士、バタールは庶子という意味で、この変わった名前の由来にはいろいろと説がある。

バタールは、モンラシェとシュヴァリエ・モンラシェに比べると低く見られがちだが、造り手によってはどうしてどうして立派なものである。畑が広く、正真正銘でないと見なされているからかなり割安についている。モンラシェやシュヴァリエの高値に指をくわえなければならない人は、せめてこれを飲んでみたらいい。決して裏切られることはない。

モンラシェに対する賞賛と渇仰は絶えたためしがない。『三銃士』を書いたかのデュマは、「脱帽し、跪《ひざまず》いて飲むべし」と叫んだ。赤のロマネ・コンティと並ぶ白の世界最高のワインという宣伝につられて金に糸目をつけない俗物《スノッブ》が多いから、天井破りの高値がつく。

ただ、このワインは十年以上壜熟させないとその真骨頂を発揮しないのに、待ちきれずに早く飲んで失望する人が多い。モンラシェもご多分にもれず、この小さな区画畑《クリマ》を十数軒が区分所有している。最高中の最高を期そうと造り手たちのライバル意識は強く、競争は熾烈、その評価もなかなかきびしい。

サン・ヴァンサンのお祭り

毎年一月末に行なわれるサン・ヴァンサンのお祭りに、一九九一年にも行った。このサン・ヴァンサンのお祭りは、葡萄栽培農家のお祭りで、もともとは素朴なものだったが、コート・ドールの各村が毎年持ちまわりでやるようになってから、年々派手になっている。この日は、村の入口で特製のグラスさえ買えば、村のあちこちでワインが飲み放題だから、うようよ人が集まってくる。ハイライトはおきまりの大宴会。

村の空地をブルドーザーでならし、仮設のテントを建てる。仮設テントといっても千人も収容できるもので、料理は一流のコックが腕によりをかける。立派なお皿もきちんと温まっていて、そんじょそこらのレストランとは大違いである。

このときは、オードブルとか三種の魚のテリーヌ・緑ソースかけ《ラ・テリーヌ・オー・トロワ・ポワソン・ソースヴェール》、その次が容器入り《レ・プティエスカル》小蝸牛《ゴ・シン・ココット》、魚料理は舌びらめのムースとオマール海老の取り合わせ《ラ・ムスリン・ド・ソール・エ・ル・オマール・フロランタン》。肉は鶏のジャンボネ《ラ・ジャンボネット・ド・》仕立て《ヴォライユ・オーモリーユ・エ・オーリニィ》と村産のあみ笠茸。

ワインはピュリニイ・モンラシェ八八年と八六年が初めに出て、魚のときにバタール・モンラシェ八六年、そして肉とチーズのときにピュリニイ・モンラシェの赤（レ・コンベットの八五年とクロ・デ・カイユレ八七年）が出た。このときのバタールはガストン・ループネルが造ったものだった。色は黄金色に輝き、暖まってくるとすごい香りで、かなり酸味は強かったがボディの果実味が豊かだったのできりっとした味になり、オマールに絶好のコンビだった。

お祭りの前と後、この村にあるホテル・モンラシェに泊まったが、そのときピュリニイ村の名家中の名家、ルフレーヴ家の当主ヴァンサン氏が差し入れてくれたバタールは滅茶苦茶にうまかった。サンヴァンサンで飲むヴァンサンのワインとはありがたい、それにしてもさすがはブルゴーニュきっての造り手ヴァンサンのワインだとうなったものである。

第XIV章

馬の骨と猫のおしっこ

プイイ・フュイッセとプイイ・フュメ

似て非なる白

プイイ・フュイッセ Pouilly Fuissé とプイイ・フュメ Pouilly Fumé というワインがある。いずれも白ワイン、辛口である。第二次大戦後、ことに一九六〇年頃から世界の辛口白ワインブームに乗ってどちらもに急に人気が上昇してきたワインである。

レストランのワインリストを見て名前が似ているから間違える人もいるが、フュイッセはブルゴーニュ・ワインで、シャルドネ種を使う。フュメのほうはロワール・ワインで、使う葡萄はソーヴィニヨン・ブラン種。生まれも育ちもちがう。

ブルゴーニュ地方は、ディジョン市のすぐ南から始まってシャニイ町の西まで南へ細長く伸びる黄金丘陵《コート・ドール》がその中核で、名だたるワインはほとんどこの地区のものである。

しかし、ブルゴーニュはそれで終わったわけではなく、それからさらに南にシャロネーズ地区、マコネ（マコン）地区と続き、一番南に広大なボジョレ地区がひかえている。プイイ・フュイッセは、このマコン地区のワインで、マコン地区でも南端になり、ボジョレ地区の北端と境を接している。

マコン地区は、昔から赤と白のいわばがぶ飲みの安酒量産地で、ワイン通からは小馬鹿にされていた。しかし、頭にきた地元の親爺さんたちが一念発起し、それを引き継いだヤングたちがいろいろ研究し、協同組合の醸造設備と技術が改革された。そのおかげで、この地のワインの品質向上はめざましい。ことに辛口白ワインは、かつてとは面目一新し、無視できなくなった。

プイイ・フュメは、ロワールといってもかなり上流、ロワール・ワイン生産地区のはずれといっていい。フランスを東西に横切るロワール河は、最下流はナント市のそばで大西洋に注ぐが、そこからアンジュ、トゥール、ブロワ、オルレアンに至るところまでが、いわゆるロワール地方と呼ばれる地帯である。

フランス王朝がパリに宮廷を移すまでは、この地方がフランス王国だったので、フランス・ルネッサンスもここで開花した。トゥールは中世までフランスでも主要な都市だったし、フランスの庭園《ジャルダン・フランス》と呼ばれる風光明媚な地方で、シュノンソー、シャンボールなど美しい城館が散在し、今日フランスで最も多くの観光客をひきよせているのはこの地方である。

ロワール河はまだ上流があって、オルレアンのところで九〇度近く曲がり、方向を変えてずっと南へ遡る。一番上流のほうはロアンヌ（有名な三つ星レストラン、「トロワグロ」がある）を越して、リヨンの西のあたりからフランスの別の大河ローヌ河と平行して——流れは逆になるが——走る。サンテチェンヌ市と奇観で有名なル・ピュイの横を流れ、さらに南仏の大都市ヴァランスの西のあたりまで遡っている。

大昔の大昔、シーザーがガリアを占領する以前は、ケルト族がマルセイユからリヨン近くまでローヌ河を遡り、そこから陸路を西へ少し行きロワール河に達して、その後はるばる大西洋まで水路で交易していたのである。

このオルレアンより河上の流域は、現在ではほとんど関心を持たれず、忘れられたような存在になっている。しかしオルレアンからかなり上流にヌヴェール市とその西にブールジェ市があり、いずれも近世になるまでかなり重要な都市だった。このオルレアンとヌヴェール市の途中の右岸（川は上流から見て右岸、左岸という）にあるのがプイイ・フュメ地区なのである（左岸が第Ⅷ章でふれたサンセール）。

こう話すと、プイイ・フュイッセとプイイ・フュメとはまったく別のところのように思えるが、巻末の地図を見ていただくと、フランス全体としてみればそう離れているわけではなく、緯度もたいして違わないことがわかるだろう。つまりブルゴーニュとロワールとが一番近寄ったところでできるワインともいえるのである。そうしたところで、似て非なるワインが生まれるのが実におもしろい。

珠玉のドメーヌ「ヴェルジュ」

プイイ・フュイッセは面白いワインである。生まれる場所はマコン市のすぐ西である。車で十分もかからない。そのさらに西へ行くと、中世ヨーロッパの宗教界を支配したクリュニーの修道院がある（第Ⅻ章のシトー派参照）。この寺院は、ローマはヴァチカンのサン・ピエトロ大寺院ができるまでは、ヨーロッパ最大の寺院建築物だったが、フランス革命時に坊主憎けりゃ袈裟まで憎いとばかり、壊されてしまって今ではわずかしか残っていない。かのジェームズ・

ボンドが、「ゴールドフィンガー」の中でギャングの首魁《ボス》を追っかけて行ったのは、このクリュニーからマコンへ抜けるルートである。

それはそれとして、マコン市内を出てフランス新幹線TGVの線路をくぐって少し行くと、実に奇観ともいうべき風景がひろがる。びっしりと緑の絨毯を敷きつめたような葡萄畑の中から奇妙な丘がにょっきりとそびえたっている。フランスワインの聖書《バイブル》ともいわれた『フランス・ワイン』を書いたアレクシス・リシーヌは、この岩丘のことを「ジブラルタルの巨崖のようだ」と表現しているが、片一方は包丁ですっぱり切ったような絶壁で、片方はなだらかな斜面になっている。「ソリュトレの丘」と呼ばれているが、考古学にくわしい人なら、すぐにふーんと気付くはずだ。この丘の下から発掘された石斧・石刀がみごとな型《パターン》なので、考古学上のソリュトレ期という呼称のもとになっている。

話はそれだけではなくて、実はこの丘の下一帯に推定数十万頭にものぼる馬の骨が埋まっているのだ。その昔、このあたりには野生の馬がたくさんいた。まだ牛や羊はいなかったのだ。しかもまだ当時の原人たちは効率のいい弓を持っていなかった。馬は脚が速いし、カウボーイのような投げ縄の腕前を持っていなかった。そこで男衆は何日もかけて馬の群れをこの丘の上に追い上げ、崖から墜落させた。下にはおかみさんたちが持ち受けていて、棍棒でゴツンとやったらしい。

プイイ・フュイッセを造る親爺さんたちは、この骨のおかげで、ワインがひと味違ったものになっていると話してくれる。本当かどうかは定かでないが、プイイ・フュイッセのワインが、ブルゴーニュの白ワインの中でも、一味ちがった特有の「くせ」とでもいっていいような風味を持っていることは確かである。

ブルゴーニュとしては南になるし、日照も良いから、ワインは肉付きもよく、しっかりとバックボーンも通っていて、力強い。はしばみを連想させる芳香、フルボディで、個性がある。パンチがきいて、わかりやすいワインが大好きなアメリカ人がとびついた。一時期、アメリカのワイン好きな連中のなかで大流行して、この名前を知らないと恥ずかしいくらい有名になった。そのため、このブルゴーニュの片隅のワインが一躍輸出用のスターに躍り出たのである。

最近では、ベルギー生まれの異端児ギュファンスがここにこもってすばらしいワインを造り出し、「ヴェルジュ」の名前で売り出したところ、アメリカの著名なワイン評論家、ロバート・パーカー氏が「珠玉のドメーヌ」として絶賛したため、これもワイン界の話題のひとつになっている。

ソーヴィニヨン・ブランの魅力

プイイ・フュメも変わっているといえば変わっているワインである。その名前の「フュメ」も、フランス語で、煙とか湯気や蒸気の意味だが、その語源もあまりはっきりしない。

ある年の春、ここを訪れたときに、突然このあたりだけが靄がたちこめて真っ白になり、しばらく車が立往生したことがあった。案外そんなことからこの名前がついたのかもしれない。

ロワール河も、このあたりまでくると、そう幅も広くないが、右岸のほうは街道筋に少しばかり店舗が並んでいるのを除けば何の変哲もないところで、平凡な田舎の風景にぽつぽつとあまり見栄えのしない農家が散在しているだけである。

ところが、この対岸がサンセール地区（第VIII章参照）になっていて、このほうは摺り鉢を伏せたような丘の上にちょこんと帽子のように古い街が乗っていて、実に美しい。十数年前までは、古びて静かなたたずまいの街で、中央の広場に一軒ひなびた居酒屋があるだけだった。この街とそこから見渡す眺望が素敵なので、あっというまに観光客が押し寄せ、今ではけっこう活気がある場所に変わってしまった（すぐそばで有名な山羊のチーズのシャヴィニョールもできるのだ）。フュメの村の人たちは自分のほうは閑散としているので口惜しがっているが、これぱっかりはどうにもならないようだ。

ワインのほうはフュメとサンセールはいい勝負で、ともにソーヴィニヨン・ブランを使う。昔はサンセールのほうが野暮ったく、強烈な個性があるものが少なくなかった。サンセールも有名になり、たくさん売れるようになると、ワインもおとなしく品がよくなった。同じメーカーのフュメとサンセールでは区別がつかないこともある。

プイイ・フュメのあたりは、十一世紀にウンボール男爵の領地だったが、この人が第一次十字軍の遠征で戦死してしまったため、近くのベネディクト派修道院に引き取られた。修道院のお坊さんたちが熱心に葡萄畑の耕作と酒造りに精を出したおかげで、畑は広がるし、ワインの名声もあがり、しかもパリへ運ぶのに便利だった関係もあって大いに繁栄した。十九世紀半ばには一〇〇〇ヘクタールもの葡萄畑があった。

〝好事魔多し〟の諺のとおり、良いことはいつまでも続かないもので災害がやってきた。フィロキセラの来襲である。葡萄畑は壊滅状態になってしまった。二十世紀に入って現地の人たちもワイン造り以外に生きる道はないと気を取りなおし、ぼちぼち復興をはじめた。

いくつかの動機と理由があったのだろうが、とにかくそれまで植えていたシャスラー種の葡萄をやめてソーヴィニヨン・ブラン種に切りかえた。結果的にいうと、これが世紀の大実験になってしまった。

ソーヴィニヨン・ブランは、もともとボルドーで白ワイン用に使われていた葡萄だった。高貴種でしっかりしたワインを生むセミヨンの補助、二番手としてそうありがたがられていない品種だった。ところがこれを北のロワールへもってくると、うるさい上司がいなくなってのびのびと本領を発揮しはじめた若手社員のように、そのよさをフルに発揮したのだ。

その取り柄は、ちょっと青くさい感じがするほど、生き生きとして果実味があふれるようなワインになることである。それが当世のフレッシュ・アンド・フルーティ志向にぴったりだったのである。世界中のワイン生産地が、このロワールの成功に着目して、ソーヴィニヨン・ブランを見直し、現在ではシャルドネに次ぐ人気種になっている。

お隣りのサンセールのほうは、さっさと全員牛を馬に乗り換えたが、プイイのほうは古い葡萄に未練を残す人もいた。そこで、伝統種のシャスラーを使うワインは昔からの名前のプイイ・シュール・ロワールと呼び、新導入種ソーヴィニヨン・ブランを使うワインは、プイイ・フュメまたはブラン・フュメと名乗ることにしたのである。

フュメはフュイッセに比べると、力強さとか、肉付きのよさ、つまりコクとか特有のくせといえるような個性を持っていない。しかし、グリーニッシュで、さわやかな香り、しなやかだが生き生きとした酒軀《ボディ》、きりっと切れあがりのよい酸味をもっている。

フュイッセがなんとなく乾いた骨（英語の極辛口はボーン・ドライというのだが）を連想させるとしたら、フュメのほうは緑の牧場から吹いてくる風のようである。

もっともフュメ、いいかえるとソーヴィニヨン・ブランを使ったワインの香りについては、変わった表現用語がある。利き酒のプロの間では、フュメのワインは、雄猫とか猫のおしっこのにおいがするというのだ。わが家の庭は近所の野良猫の絶好な獣道《けものみち》になっていて、乾いた土にしょっちゅうおしっこをして行くので、そのにおいはいやがおうでも嗅がされている。しかし、フュメのワインの利き酒をして、その香りに、猫の小便のにおいをかぎあてたことはない。

ブランはフランス語で白の意味だが、ブラン・フュメの中にはそれこそ水と見まがうばかり、無色透明のものがある。これをテーブルの水のグラスに注いでおいて、がぶりと飲んだ友人を驚かせる、といういたずらをやったことがある。

バロン・ド・L

フュメについて語るとなると、どうしても触れなければならないのは、バロン・ド・ラドゥーセットである。

フュメには見るべき景色がないといったが、ひとつだけ例外がある。街道からは森の陰になって見えないが、すばらしいシャトー・デュ・ノゼが隠れている。観光ガイドにこそ載っていないが、有名なアゼ・ル・リドーに負けないくらい立派な邸である。

十八世紀の末にブルゴーニュからきたラドゥーセット家は、ここの御領主として自分の名をつけたワインを出し、名声を確立した。現在はパトリック男爵《バロン》が現代的醸造技術を駆使してワイン造りにはげんでいる。ここの特級ワイン、「バロン・ド・L」は、今では世界の最高級レストランのワインリストに載るようになっている。もちろん同家が造る昔からのフュメとサンセールも評価が高い。

エネルギッシュなバロンは、フュメだけでは物足りなくなって、シャブリのドメーヌも二つ買収した。今後もさらなる計画をたてているようだから、次は何で世間をあっといわせるか楽しみである。しかも白ワインにしか手を出さないのも、したたかな見識である。

フランスの貴族の子孫を見ていると、二つのタイプがあるのに気がつく。日本の公家さんのようで、品はいいがひよわで俗世間に慣れないタイプと、荒武者の名残りのように、エネルギッシュに各分野の事業に取り組んでいるタイプである。獲物をねらう鷹のような姿のバロンを見ていると、保守的なフランスを動かしているのは、こうした一部のエリートなのだということを実感させられる。

出会いが肝心

プイイ・フュメとの最初の出会いはパリ。「ラ・グリエ」というパリで一番古い建物を使っているちっぽけな焼肉専門のレストランだった。ラベルは「ブラン・フュメ」で、文字どおりグラスに注がれたワインは無色透明で水とみまがうばかり。これでもワインかいなとがぶりとやって肝をつぶした。生気と酸味の塊だった。いやはやと兜を脱ぎ、以来、大好きな辛口ワインのひとつである。

造り手が良いものはサンセールよりおとなしいが、それでいて違った良さがある。一度これをたしかめてやろうと同好の士と初めて行ったのは一九七六年。何軒かまわって最後に寄ったのがラドゥーセット家。シャトー・ノゼの立派なのにうっとりして、なぜこんな美城がガイドブックに載っていないのかと一瞬腹が立ったが、載っていないほうがいいと考えなおした。迎えてくれたのが男爵《バロン》パトリック、まだ若かったが鷹のように精悍な風貌で、こんな貴族もいるのかと変な風に感心した。顔に似合わず気はやさしい。

シャトー運営の実権を握っていた母上からパトリックがワイン造りをまかされたのは、われわれが訪ねた二、三年前だった。

まかされるとまず最初にやったのは、年寄りの醸造長の首を切ることだったそうだ。それから醸造設備の大改装。私が訪ねたときも醸造所の一部は工事中だった。若きバロンが挑戦したのは、ロワール最高の辛口ワインを造ることだった。野心作「バロン・ド・L」は誕生したてのほやほやだった。壜は腰太で、壜口のところが出っ張っていて、色は暗緑色。ラベルは丸型白地に細い金文字という、従来のフュメのイメージを捨てた型破りのデザイン。中味のほうも従来のフュメを洗練させた斬新なスタイルのワイン。当然感激して、日本に帰ってから自分でもせっせと飲み、他人にも奨めた。ある事情があって今ではそう飲まないが、レストランのリストに載っていると、つい手が出る。一流のブルゴーニュに太刀打ちできる辛口白ワインで、ブルゴーニュとまったく違った風味と酸味をもっている、ユニークなワインである。

プイイ・フュイッセのほうは、初めてフランスの地方ワインめぐりをした一九六九年に行った。ソリュトレの丘の奇観は脳裏に深く刻みこまれたし、壜の形に植木を苅りこんだシャトー・フュイッセで御自慢のワインを試飲し、その個性の力強さが記憶に残った。そのとき、丘の麓の古いレストランに泊まった。恥ずかしい話だがそのとき初めて仔牛の肉のロティを食べ、牛肉なのに身が白いのでびっくりした。それにフュイッセのワインがとても合った。以来、誰かと連れだってブルゴーニュ旅行をするときは、必ずソリュトレには寄るようにしている。

第XV章

果実味が花咲くワイン

ムーラン・ナ・ヴァンとフルーリー

ボジョレ・ヌーボー

ボジョレ・ヌーボーというワインがある。フランス全土で、一番早く市場に出荷できる。現地で「プリムール」とも呼ばれるこのワインは、以前は正式の出荷日が十一月の十五日だった。ところがこの日が、日曜日とか祭日に当たると、いくらパリの酒屋がやきもきしても、現地の親爺連中は、〝ネバー・オン・サンデー〟で動かない。そのため現在は十一月の第三木曜日が出荷日になった。この日が来るとパリのバーやビストロには、〝ヌーボー到来〟のポスターがかかる。これとつまみのチーズを出して大安売りをする店もあって、客は街路にまではみだして立ち飲みではしゃぐ。これを面白がったのはロンドンっ子たちで、クラシック・カーを使った一番乗り合戦までやっている。

日本では、時差の関係でパリより九時間早く飲めるということからマスコミがはやしたて、一時、大流行した。ところが高いワインしかワインと認めないワイン通がけなしたり、飽きたマスコミが梯子をはずしたため、ブームは泡のごとく消えてしまった。しかし、ヌーボーはひとつのワインのタイプなのであって、ジュースとワインのあいだのようなフレッシュさはそれなりの取り柄で、そう考えて飲めば楽しいものである。

ボジョレ地区は、ブルゴーニュ地方の最南部、マコン市の少し南からリヨン市の北まで広がるかなり広大なワイン産地である。そしてかなりの量の、フレッシュで軽快な赤ワインを出す。若いうちに飲めて安いから、いわば気軽にがぶ飲みできるワイン。分類上はブルゴーニュ・ワインということになっているが、ブルゴーニュの名酒の故郷、黄金丘陵《コート・ドール》あたりの酒造りの親爺にいわせれば「いっしょにされては困る」とお冠である。確かに言い分にはもっともな理由がある。

ブルゴーニュの赤の名酒は、ピノという寡産・高貴種の葡萄から造る。ボジョレのほうは、ガメ種という量産種の葡萄を使い、ヘクタール当たりの生産量もかなり高く認められている。不思議なことに、ピノ種をボジョレで植えても優れたワインにならず、ガメ種を北のコート・ドールで栽培しても、どうもうまくいかない（ブルゴーニュのフィリップ剛勇公《ル・アルディ》は、ガメのことを邪悪な葡萄とみなして、コート・ドールでの栽培を禁止したこともあった）。

それというのも、ボジョレ地区の畑は特有の花崗岩系の土質で、これだとガメ種がぴたりと合う。そしてあの特有の軽快でフレッシュ、さわやかなワインが生まれるわけだが、どうしたことか、この葡萄を他へ持っていってもうまくいかない。カリフォルニアでもこうしたワインがうらやましくていろいろ試してみたが成功しないので、ジンファンデルという葡萄を使ったワインをカリフォルニア・ボジョレと銘打って売っていたこともあった。いうまでもなく似て非なるワインで、今ではそうしたネーミングもあきらめたようである。

ボジョレは、もともとリヨンっ子が日常用に飲んでいたワインで「リヨンには三つの河がござる。ローヌにソーヌに、ボジョレ！」とふざけていたくらいだった。ルイ十四世のヴェルサイユ宮殿にマコンの巨漢クロード・ブロッスという男がはるばるワインを運んで、マコンあたりまではどうやらパリでも知られるようになった。

中世から近世までパリの巨大な胃袋を賄っていたのは、パリ周辺のイル・ド・フランスと北部《バー》ブルゴーニュのワインだった。それが鉄道の開通で南仏《ミディ》の安ワインが流れこんで、そのほうが締まり屋のパリジャンに飲まれるようになった。ブルゴーニュでも南のはずれのボジョレはもっぱらお隣りの大消費都市リヨン向けだったので、第一次大戦前まではパリではほとんど飲まれていなかった。ボジョレが白のミュスカデと並んでパリの人気者になるのは第二次大戦後の話なのである。いずれも、その安さとフレッシュさにパリジャンが気がついたのだ。

ボジョレとひと口にいっても、実は三つのカテゴリー、品質のランクづけがある。ひとつは、ふつうのボジョレ、次はボジョレ・ヴィラージュ、そしてクリュ・ボジョレである。ボジョレとしての並酒、一級、特級と思ってよい。正確にはボジョレ・スペリュールというランクがもうひとつあるが、これはふつうのボジョレで、ただアルコールが一度高いだけだから無視していい。

「ヴィラージュ」というのは、フランス語でふつう村とか田舎とかいう意味合いの言葉だが、ワイン用語になると、並酒より一格上がるものを指す。コート・デュ・ローヌとコート・デュ・ローヌ・ヴィラージュの関係もそうした例である、ボジョレの場合、この地区の北半分の産で、造り方も丹念にやるし、上手な造り手も多いから、どうせボジョレを飲むなら、このヴィラージュものにしたらいい。値段もいくらも違わない。

実は、ボジョレ・ヌーボーは初めは、ほとんどが「ヴィラージュ」の資格をもたないボジョレ地区の南部の生まれだった。南の酒造り屋連中が、このままではとても北のライバルに太刀打ちできないからなにかうまい工夫がないかと頭をひねったわけだ。ボジョレは、もともとフレッシュさが取り柄なのだから、それをもっと強調すればいい。それと早く出荷できれば珍しがられるし、ストックのコストも安くすむ。早出しが起死回生の至上命令だった。

もともとボジョレは、大量の葡萄を手早く仕込む方法がいろいろ工夫されていた点が他の地方と違っていた。この他の地方で馬鹿にされているところを逆手にとった。開発された新しい仕込み方は「炭酸ガス浸漬発酵法《マセラシオン・カルボニク》」というやり方で、これは従来のやり方をさらに徹底する手法だった。

密封タンクの中に摘んだ葡萄をつめこむと、下のほうの葡萄はつぶれて発酵を始め炭酸ガスを発散するが、上のほうの葡萄は粒のままでガスの影響を受ける。これを数日やってから普通のように圧搾し発酵させるのである。この仕込法をとると、ワインが早くできあがるばかりでなく、新鮮で、果実味がよく出て、しかもあまりタンニンが強く出ない。つまり、スピード、ソフト、フレッシュ、フルーティで今日の時流にぴったりだった。

しかし、考えてみると、今日われわれが飲んでいるような壜詰めワインが一般に普及するようになったのは、わずかこの百五十年かそこらの話なのである。規格化された壜の大量生産と、コルク栓の開発——正確にいうと栓抜きの普及——のおかげなのである。それ以前は、ワインは一般に樽詰めだったから、春をすぎ夏になるとすえて酸っぱくなった。香料を入れたり、いろいろ手をかけて我慢して飲んだが、誰もが新酒の出るのを待ちかねていた。値段も新酒のほうが高かった。ボジョレ・ヌーボーは無意識に復古をねらってヒットしたわけである。

10のクリュ・ボジョレ

案外なようだが、ボジョレ全体でいうと、現地はヌーボーばやりを歓迎しているわけではない。ことに北部の良い酒造り屋は、「この頃はせっかくのヴィラージュになるワインまでが使われてしまう」と渋い顔をしている。そっちがそれでいくなら、こっちはこれでいこうと力を入れだしたのが、「クリュ・ボジョレ」である。品質・熟成・権威が、錦の御旗だった。ボジョレ北部の、ボジョレ・ヴィラージュを出せる地区は、ワインを一定の条件に従って念入りに仕込むと、その生まれた村名を表示することが許される。

ボジョレでは、こうした資格を持つ村が数年前まで九つあった。北から南へサンタムール、ジュリエナ、シェナス、ムーラン・ナ・ヴァン、フルーリー、シルーブル、モルゴン、ブルーイィ、コート・ド・ブルーイィである（一九八八年からレニエが加わって十になった）。

これを「クリュ・ボジョレ」、訳して「村名ボジョレ」と呼ぶ（もっとも、正確には村名とはいえないものもある。ムーラン・ナ・ヴァンなどはそうである）。

この手のものになると、ふつうのボジョレのようにどれもこれも同じ顔というのではなく、村の個性、ワインのキャラクターがはっきり出てくる。造り手のほうも一生懸命にやるから、たしかに品質も上で、ワインもしっかりしてきて、飲みごたえがある。

パリのビストロの親爺が、自分で選んできて鼻を高くするものに、この手のものが多かった。この十数年来、フランスの各地の地酒で頭角を現わすものが多くなったし、情報化も進んだので、パリでも各地の地酒を飲めるようになった。それ以前は、クリュ・ボジョレはビストロの花形だった。

フランス人は、個性を尊重するというが、これを裏返していうと、自分が好きにやらせてもらいたいということだ。他人とどこか自分が違っていると信じたいわけだし、自分が正しいと思うことを自由に、勝手にいわせてもらいたくて、逆に強圧的に封じられるのは嫌だということになる。だから、ボジョレに十もの違ったのがあるということは、ぞくぞくするほどうれしいわけだ。

十のクリュにそれぞれ好き嫌いがあって、それぞれ応援団がいるとなれば、その優劣論争は相当にぎやかになるし、フランス人にとってはワインの愉しみが増すことになる。

われわれの味覚からすると、モルゴンが一番ヘビーで豊潤、飲みごたえ、かつ頼りがいがある。逆にシルーブルが一番軽い。不思議なことにパリジャンの好みはシルーブルのようだ。早く飲めて安いからかもしれない。しかし、なんといってもクリュ・ボジョレの中で一番人気があるのはなにかというと、どうしてもムーラン・ナ・ヴァンとフルーリーになる。

ムーラン・ナ・ヴァンとフルーリー

ムーラン・ナ・ヴァンと、フルーリーは、十のクリュ・ボジョレの代表選手で、質のみならず量の点でも多い（年産それぞれ三万四〇〇〇ヘクトリットルと四万一〇〇〇ヘクトリットル）。一番小さいシェナスは一万五〇〇〇ヘクトリットルだ。しかも、味わいの点でもきわだった対照を示している。ムーラン・ナ・ヴァンが王様の風格があるとすれば、フルーリーは女王の優美さがある。

王様と女王とでは、どちらが偉くて、どちらに実力があるかは、歴史が物語るように一概に決めつけられない。好き嫌いは当然分かれるから、造る親爺連中はもとより、飲み手という応援団を含めて、ライバル意識はなかなかのもの。

もっともムーラン・ナ・ヴァンが、クリュ・ボジョレの牽引車的存在であることは、誰もが認めるところ。国道六号線の近くにあるロマネシュ・トランの北西端に広がる丘陵地区のワインである。この名前は、実は村名ではなくて、はるかスイス・アルプスのモンブランも望める小高い丘の上にある風車《ムーラン・ナ・ヴァン》からとった愛称である。この記念碑的構築物も、いまや羽根がなくなり、石の塔と骨のような木の軸だけになっているが、その愛すべき姿は残している。このあたりの土質は基本的には花崗岩系だが、マンガンを多く含んだ砂質まじりの土壌になっていて、それがワインの味に影響を与えている。

フルーリーのほうは、ムーラン・ナ・ヴァンの奥側、その南西に当たる。ロマネシュ・トランの真西になるが、このほうはちゃんとその名の通りの村がある。全体が東向きになる地勢だが、東向きに下るなだらかな斜面にさまざまなゆるやかな起伏があり、その丘陵斜面が畑になっている。ここは花崗岩系砂質の表土がそう深くなく、岩盤がことにしっかりしている。また一部は火山性の砕石が多い。

ムーラン・ナ・ヴァンがクリュ・ボジョレの中でまず頭角を現わして有名になった頃は、フルーリーのかなりの部分は、ムーラン・ナ・ヴァンの名前を借りて市場に出ていた。今では自分のところの名前に人気が出てきたので、その旗の下に結集している。ただ、いまだにその頃の跡が消せないのか、男性のような女傑フルーリーがないわけではない。こんなたとえ話をするとまた叱られそうだ。

とにかく、ムーラン・ナ・ヴァンは、色も濃く、スケール感が大きく、堂々としている。豊かな肉付きをしていながら、しっかりとした骨組みと、がっしりとしたバックボーンがある。黙って出されたら、とてもボジョレと思えないくらいリッチである。日本風にいうとコクがあって、飲みごたえがある。しかし、やはりボジョレだから、タンニンがもろに表に出て渋さを感じさせるということがない。

面白いことに、クリュものだけあって、その土地特有の酒ぐせともいうべきグー・テロワール（土地の味）を持っている。造り手にもよるが、あるクリュを飲まされたとき、あきらかに舌に塩味を感じた。塩味というのはワインでは珍しいので「塩っ辛い《ソルティ》」というと、造り手の親爺は首をかしげていた。いろいろいい合っているうちにわかったことだが、こちらが塩味といっているのを、あちらでは「ミネラル風味」といっているのだった。塩にも岩塩というのがあり、ミネラルであるわけだ。

このクリュ・ワインの特製は数年寝かせるとおいしくなる熟成向きで、寿命も長く、ボジョレとしては例外的存在。

フルーリーというのは、フランス語で、〝花盛り〟とか〝花でおおわれた〟という意味になる。偶然なのか神の恵みか、名前に似せようとした人智のわざか、とにかく奇妙なことに、このクリュのワインの特徴を実によく現わしている。

色はムーラン・ナ・ヴァンほど濃くないが鮮やかで明るく美しく、香りは強烈でないが華やかである。口当たりはソフトでしなやか、しかしどこかふんわりとしている。味わって、果実味が艶やかで、酸やタンニンが出しゃばることがなく、スウィーティッシュな後味を感じさせることがある。とにかく優美で、抱きしめたくなるようなワインである。このクリュのワインを飲ませて、嫌いだという人に出会ったことがない。

ムーラン・ナ・ヴァンほどに長命ではない。最近ではかなりもつものも出廻っているが、やはりボジョレだから、しまっておくより早く飲んだほうがいい。番茶も出花、美人薄命といったら、また叱られるのか。

ボジョレでどうしてもつけ加えておかなければならないのは、デュブッフである。徒手空拳からスタートして、あっというまにボジョレのデュブッフ帝国を築きあげた。まさに、世紀のサクセス・ストーリー。この男の魔手にかかると、ボジョレはみごとなワインに変貌する。野暮ったい田舎娘が人目もあざむく美しいお姫様になったようである。「あんなものはボジョレ女ではない。コート・ドールへ嫁に行った娘みたいだ」とライバル意識を燃やす現地の人がいないわけではないが、とにかく、デュブッフの手にかかったボジョレが「おいしい」ワインであることは確かである。

三十年くらい前、リヨンへ行ったときのことである。食道楽の町、リヨンとその周辺には、なだたる店、おいしい店が何軒もあるがたまたま、当時評判の高かった「マリー・タント」へ行った。ここでの長葱《ポワロー》の煮込みにはうならされたが、うずら料理に合うようにと頼んだら、マダムが奨めてくれたのが同店特選のフルーリーだった。それは赤というよりすごい紫色で、舌が染まりそうだった。あの色は今でも忘れられない。口にしたら、まさに生きた液体だった。当時の日本で、くたびれ果てていたワインしか飲んでいない僕にとって、まさに味のカルチャー・ショックというべき体験だった。ワインの原点、お酒としての取り柄のひとつが、フレッシュ・アンド・フルーティにあると実感したのはこのときである。

以来、ボジョレのファンになり、勝手に日本におけるボジョレの伝道者気取りになっていた時代もある。

第XVI章

隠者の庵と陽に焼けた丘

エルミタージュとコート・ロティ

ローヌ北部を代表する名酒

フランスの大河、ローヌ流域は、ローマ時代からワインの産地だった。ローヌ河自体は、ジュネーヴ市があるレマン湖のはずれに端を発して(レマン湖の上流にもスイス領ローヌがあるが)、リヨン市のところまで流れる。そこで九〇度左折して(ソーヌと合流して)流れを南に変えて、マルセイユの西で地中海に注いでいる。このうち、リヨンのすぐ南からアヴィニヨンの少し先までが、いわゆるローヌのワイン、AC表示上の「コート・デュ・ローヌ」である。

ところが、この全長約二〇〇キロに近いローヌ流域のワイン産地は、実は北部と南部とにはっきり分かれていて、生まれるワインもまったく別のものといってよい。

北部すなわち上流のほうは、ほとんどがローヌ右岸の河沿いに細長く伸びる地帯で、生産量こそ少ないが優れたワインを出す。南部、すなわち下流のほうは、ローヌを中心に東西に広がっていて、ことにオランジュあたりでは左岸(東側)の平野に広がっている。一部の例外はあるが、ほとんどが安い赤ワインの量産地である。コート・デュ・ローヌとラベルに表示してあるワインは、まずこの南部のものである。

北部のほうは、リヨンのすぐ南のヴィエンヌの町の対岸から始まって、八つの小地区に分かれている(コート・ロティ、コンドリュー、シャトー・グリエ、サン・ジョセフ、コルナス、サン・ペレイ、エルミタージュ、クローズ・エルミタージュ)。しかし北部を代表するワインはなんといっても、エルミタージュとコート・ロティで、いずれも赤の名酒、好敵手なのである。

雄々しいワイン

エルミタージュは、河の両岸の町タン＝トゥールノンのところにある。ここにローヌ河の南下をさえぎるように小高い丘があり、そのため流れはこの丘を避けるように右（西）にぐるっと迂回して、丘の先で再びまっすぐに南下する（大昔は流れが丘の東を廻っていた）。このお邪魔虫のような丘の下流側斜面は、南向きになる。そこが、名酒エルミタージュを生む斜面畑なのである。

現地へ行ってみると、見上げるような急傾斜の丘に石で積んだ段々畑が下から上まで続いていてなかなかの奇観だが、ところどころに持ち畑を宣伝するための所有者名を書いた大きな看板が立っているのはいただけない。土壌は花崗岩質で、植えている葡萄はシラー種だけである。シラーというのは、今だにその起源が論争の種になっている葡萄で、ひと昔前までは、栽培していたのはフランスでもこのローヌ河岸のわずかな場所だけだった。

シラーから生まれるワインは色も濃く、味も濃厚で、長命である。ほかのところで育てるとワインは荒いたちになるし、果実が完熟していないと酸味と苦渋味が出る（これをやわらげるために一五％まで白葡萄をまぜてよいことになっているが、現在では五％くらい使う醸造元が例外的にあるだけである）。この葡萄の耐乾性に目をつけたオーストラリアが栽培してみて大成功している。二十年くらい前まで、オーストラリアの赤ワインは、ほとんどこの葡萄を使っていたくらいである。最近では、フランスでもこの葡萄の良さが見直されて、南仏全体で（ことにグルナッシュの補助種として）栽培が飛躍的に増えている。

エルミタージュは、「隠者の庵」という意味で、この変わった名前がついた由来については真偽定かならぬ伝説がある。

一二二四年頃、アルビジョワ十字軍から疲れはててこのあたりまで帰って来たガスパルという騎士が、己が犯した悪行を反省する気になり、この丘の廃屋を隠棲の地と定め、その周りに葡萄畑を開墾したというのだ。やがて彼の造ったワインはその下の街道を通る多くの旅行者に知られるようになった。ことに十七世紀になって、ルイ十三世がこの地を通ったとき、この丘からとれるワインのすばらしさに驚き、以来、フランス宮廷とロシア宮廷で愛飲されるようになったのだそうである。

とにかくこのワインの濃厚さと強さの評判は、フランス中に広がり、それを聞きつけたボルドーまでが、はるばるこれを運びこんで、自作の補強用に使うようになった。今のシャトー・ラフィットを知る者にとって信じられない話だが、英国へ輸出されたもののなかに「ラフィット・エルミタージュ」というワインがあったことは事実である。

エルミタージュの赤ワインは、フランス・ワインのなかでも特色を持つ名酒のひとつである。紫色を帯びる赤色は濃く、その強い芳香は匂いすみれ《ヴァイオレット》、カシス、ハーブ類の香りが含まれているし、いちごや黒こしょう、さらには燃えたゴムのにおいがするという人もいる。酒肉は肥えていて豊潤、全体的に力強く《パワフル》、雄渾なワインである。ただ、ボルドーの上物のような品の良さや繊細さ《デリカシー》に欠けるが、これを期待するのは無理というものだろう。

エルミタージュを飲むうえで気をつけなければならないのは、「若いうちは荒い」ということである。ワイン・ブックの嚆矢《こうし》、『酒庫覚え書き』(邦題『セインツベリー教授のワイン道楽』・紀伊國屋書店）を書いた英国の酒仙、セインツベリー博士は、四十年も寝かせたエルミタージュ（一八四六年もの）を飲んだ体験を書いている。「十字軍が持ち帰ったと伝えられるシラー種の子孫に当たる葡萄が今の時代まで生きながらえていて私の誕生日の絶好のプレゼントになる酒を生み出してくれたことに心から感謝したい」と述懐したうえでこう綴る。

「自分の飲んだエルミタージュは、年を経ても衰弱のきざしなどいささかも見せず、ますます味に磨きがかかってきていた。確かに繊細さには欠けるが、そんなものを望むならローヌのワインに手を出さなければいいのだ。今まで飲んだなかで一番雄々しいフランス・ワインだった。若いうちはその雄々しさが仇になって荒く感じるかもしれないが、長年の熟成で角がとれ、まろやかな酒になっていた……」

エルミタージュは赤と思われているが、実は少量の白もある。ルーサンヌとマルサンヌ葡萄を使うもので、栽培と醸造上の難点から減りつつあるワインのひとつである。花と蜂蜜、生のコーヒー豆と蠟のような香りがするといわれている。

陽に焼けた丘〝コート・ロティ〟

コート・ロティのほうは、小さなピラミッド型石塔のあるヴィエンヌの町の、河をはさんだ向かい側の地区のワインである。このあたりでは、ローヌ河は大きく西向きに迂回している関係で、河岸にそそり立つ右岸の急斜面はかなり南ないし南西向きになる。ということは一日中たっぷり太陽の光を浴びるのに好条件ということである。コート・ロティという名前自体、「強火で焙られた丘、陽に焼けた丘」という意味である。

栽培する葡萄はエルミタージュと同じシラー種だが、畑の土質が少し違っていて、雲母片岩の表層が分解した小石の多い土壌になっている。斜面が急なので葡萄の仕立て・剪定も特有で、円錐状に組んだ支柱に支えられているのはちょっとした景観である。

ここにも面白い伝説がある。コート・ロティの中にコート・ブロンドとコート・ブリュヌという区画畑があるが、その昔、領主モージロンが金髪と茶髪の二人の娘にそれぞれの畑を遺産として与えたので、その名がついたというのである。金髪《ブロンド》の畑のワインは軽くデリケートで、茶髪《ブリュヌ》のほうは力強くきびしいたちで長寿だといわれている。

ロティのワインの仕込みも伝統的なもので、除梗《じょこう》はしないし、果皮を果汁に漬けておく仕込み期間（発酵を含む）は二週間から三週間もかける。さらに壜詰め前に大樽で一年から数年寝かせるのである。現在、ふつうのワインは除梗をするし、発酵は一週間から二週間、壜詰め前の樽熟成は二年が限度である。

こうしてできあがったワインは、鮮やかだが色調は深く、香りは強く、口当たりは滑らかでフルボディ。アルコールも強いがタンニンと酸のバランスが実に良い。ことに南仏のワインにあまりない優雅さをそなえたものに仕上がる。

コート・ロティのワインは、ローマのプリニウスが書いているくらい歴史は古く、名声の高かったヴィエンヌのワインの中でもトップにランクされていた。ただ、いかんせん量が少なかったために、今日のように情報化社会でなかった時代には飲める人は限られていた。そのうえ、フィロキセラ禍以後、ワイン造りは落ち目になっていた。しかし一九五〇年代以後、急傾斜面の畑が次第に復活し、ことにこの二十年の間にエルミタージュの強力なライバルとして急成長してきている。

コート・ロティを南仏ワインの輝けるスターにしたのは、ロバート・パーカー氏である。ギガル社のロティを絶賛したため、とたんに需要が殺到した。値段も跳ね上がった。数年前ギガル社のロティの年代物が一本二十万円という高値で日本に現われたこともある。なにごとも経験だと思って、私も一杯御相伴させていただいた。結果でいうと、味わいは驚くほどのことも なかったし、驚かされたのはその味わいに見合わない値段だけだった。

ギガル社がコート・デュ・ローヌ北部きっての酒造りの名手であることは誰もが否定しないし、私もしばしば同社のワインを楽しませてもらっている。ワインのばかばかしい値段というのは造り手のせいでなく、商魂と物好き根性に罪があるのだ。

「ピラミッド」で供されたロティ

美食の都リヨンから、ローヌ河を少し南へ下ると、ヴィエンヌの町がある。ローマ時代からの美しい古都である。そんなことよりここを有名にしたのは、フランス料理の巨匠フェルナン・ポワンのレストランがあったからである。今日フランス料理のドン的存在になっているポール・ボキューズやピエール・トロワグロも、ポワンの弟子だった。

町中に残っているローマ時代からの古塔にちなんで「ピラミッド」と名づけられた店は、パリを除けばフランス最高になるこのレストランで、ポワンの料理を味わおうと世界中の美食家《グルメ》たちがはるばる訪れたものだった。

私が行ったのは、ムッシューこそ亡くなったがまだマダム・ポワンが健在の時代で、日本人では大阪の辻調理師専門学校を創設した辻静雄さんに次いで二番目だったらしい。メニューはマダムが毎日手書きする美しいもの。フランス語でmenu（ムニュ）というと、日本と意味がちがっていて、いわゆるコース・メニューである。最初はブリオッシュの中にフォアグラを埋めこんだもの、これでまず脱帽。次に舌びらめと鮭をそれぞれソースを変えたもの。これも実においしくてフランスは魚料理がうまくないというのは日本人の思い込みだとわかった。肉料理は二品で鶏の白ソース、鴨のグリエこしょうソース。鴨は皮がパリッと焼けていて、オイリシュなグレービイが、くどくなく鴨の肉をひきたてていた。パリの「トゥール・ダルジャン」

よりよっぽどうまかった。

ワインリストもデラックスそのものだった。ずらりと並んだフランス最高のワインの数々をにらんで、当時まだ名前しか知らないシャトー・ラフィットにするか、ロマネ・コンティにするか迷っていた。その頃は、ロマネ・コンティは今ほど高くはなかった。それでも一ドル三百六十円、一フランが七十三円の時代だったから、ワインの値段を気にしないわけにはいかなかった。

今、世界中をクレジットカードで旅行しているヤング諸君には想像もつかないだろうが、その時代は外国へ行くにはドルを持っていくしかなく、そのドルも一人五〇〇ドルまでという持ち出し枠の制限があったのだ。だから、日本でいくらお金を持っていたとしても――もっとも私はそうした身分になったためしがないが――フランスの旅先では財布の残高を気にしながら旅行しないと、後で立往生するおそれがあった。

そこへ寄って来てくれたのがこの店の名物男トマジだった。フランスの名ソムリエの元祖的存在である。なにを飲みたいかと尋ねられたので、せっかくここまで来てフランス最高の料理をいただくのだから、それにふさわしい最高のワインを飲みたいと思って、おそるおそる白、赤とも最高ワインの名を口にした。ところが、「それなら私の特選ワインにしなさい」と指定してくれた。白はシャトー・フュイッセ六八年だったが、赤は名前を聞いたこともないワインで値段も安かった。

狐につままれたような気持ちで待っていた私の前に注がれたワインは、鮮紅色に輝くワインだった。大きなグラスに顔を近づけると、頭がくらくらするような芳香が私を襲った……。それまで私が飲んだ最上のワイン——ブルゴーニュの三ツ星レストラン、アヴァロンの「オテル・ド・ラ・ポスト」で飲んだラ・ターシュ、ソーリューの「コート・ドール」でのシャンベルタン、シャニィの「ラムロワーズ」でのクロ・ド・ヴジョーなど——のどれよりもすばらしかった。

優れたワインというもののパワーに最初に本当に圧倒されたのはこのグラスだったし、地方のすごさ、フランスワインの奥深さを痛感させられたのは、このときだった。記念にとラベルを剝がしてもらって、ホテルで見直してみると、コート・ロティ。そうだったのかと気が付いた。

このときの印象があまりにも強烈だったので、その後、機会がある度にあちらこちらでロティを飲んでみた。ところが、どうしたことかあの感激を再現してくれるロティに出会ったことがない。多分、あのときの素晴らしさは、「ピラミッド」という舞台に目がくらんだ幻覚かなと思うようになった。

ところが、この話には後日談がある。ずっと後だが、ロティ造りの名手ルネ・ロスタン氏のカーヴを訪れたことがある。不動産業者で成功していたが、妻の父のワイン造りを継いだ、いわば脱サラ的人物。研究熱心のため、すぐに義父以上のワインを造り出して名をあげた人だ。

その際ピラミッドで飲んだとき以上にロティで感激したことがないと話した。するとロスタン氏は、「トマジの選ぶワインは特別なんだ」という前置きをしたうえで、「いや自分もそのことに気がついていたのだ」といいだした。

彼はあるとき、自分の会心作の壜を持ってマルセイユのある知人のところで飲んだのだそうだ。ところがその壜は眠っているようで、どうも冴えない。なにか悪くなった理由でもあったのかと自宅に戻り、同じ樽から同じ条件で壜詰めしたロティを飲んでみたら、やっぱりすばらしかった、というのである。緯度のせいなのか、なぜなのか不思議だと、首をかしげていた。ロティは、生まれたあたりでないと真価を発揮しない旅嫌いのワインなのかもしれない。

第XVII章

法王の新邸と妙義山

シャトーヌフ・デュ・パープとジゴンダス

コート・デュ・ローヌの切り札

ローマのカトリック教会とフランス国王の対立が高じた結果、一三〇九年に中世ヨーロッパを震撼させた「アヴィニョンの幽囚」が起きた。フランス国王フィリップ四世が、ボルドーの大司教ゴットを法王クレメンス五世として就任させ、法王庁を南仏アヴィニョンに移してしまったのである。以後七代の法王が、約七十年間、ローマでなくここを法王庁とした。

クレメンス五世はワイン好きでボルドーにシャトー・パープ・クレマンを残したほどだった。二代目法王ヨハネ二十二世もワイン好きで、アヴィニョンの近くに別荘を建て、そのまわりに葡萄園をつくった。もっとも当の本人は、この葡萄園のワインができるのが待てず、ボーヌのワインばかり飲んでいて死んだらしい。この畑のワインが「法王の新城《シャトーヌフ・デュ・パープ》」と名づけられ、次第に有名になったという。実際はこの愛称が定着して普及したのは、二十世紀に入ってのことである。

従来、南仏での良いワインといえば、コート・デュ・ローヌとされてきた。そのなかでもことに「シャトーヌフ・デュ・パープ」は、出色の名酒としてその名声が世界中に鳴りわたっていた。ローヌ河流域のワインは、前述したように（第XVI章）、北部と南部とではっきり分かれている。一般論をいえば、北部は質、南部は量がきわだっていて、南部だけでも約四万五〇〇〇ヘクタールの畑から年間二〇万ヘクトリットルを超す豊潤な赤ワインを出している（白もわずかにあるが総生産量の一・五％）。なかでもローヌ左岸オランジュの東に広がる地域の赤ワインは、コート・デュ・ローヌに「ヴィラージュ」という表示がついて、一つ格が上がるワインを出すことができる。確かにこの手のものは、南仏の代表ワインとして鼻を高くするだけの素質をもっていた。

ただ、この十年来、コート・デュ・ローヌ南部地域の中でも、ローヌ河の西側（左岸）でも頭角を現わすものが出てきた。また、従来、コート・デュ・ローヌの仲間入りをさせてもらえずVDQS（ACワインの一格下のランク）に甘んじていた東岸トリカスタン地区（コート・デュ・ローヌの地続き北隣り）が独自のACワインとして昇格した。南東隣りの広大な地域が、コート・デュ・ヴァントゥのACワインになり、さらにその南の、従来は小馬鹿にされていたコート・デュ・リュベロンまでがACに昇格してしまった。

コート・デュ・ローヌ地区としては、北と東と南に強力なライバルが出現して取り巻かれたような状態になってしまったので、うかうかしていられなくなった。コート・デュ・ローヌ・ヴィラージュ地区が、イメージアップのためにエースとして立てたのがジゴンダスである。

ジゴンダス村は、昔からコート・デュ・ローヌの中でも一目置かれる存在だった。この村は現在では、ジゴンダスの村名ワインを出せるが、地区としてはコート・デュ・ローヌ・ヴィラージュ内だからその地区名でも出せる。村の酒造りの名手たちが腕を磨いたので最近南仏最上のワインと目されていたシャトーヌフ・デュ・パープと名声を争うばかりに出世した。

AC法の生みの親

シャトーヌフ・デュ・パープが名声を馳せてきたのは、その面白い名前と由来、伝説のおかげだけではない。リーダーになれるだけの理由があったのである。

まず第一に、その独特の地勢、ことに土壌である。オランジュとアヴィニヨンの間、といってもオランジュのすぐ南で、ローヌ河がぐっと左に湾曲して流れる左岸沿いである。河沿いでありながら、ここだけは小高い丘になっていて、丘の天辺《てっぺん》に古城が建っている。丘の上から南へ向かっての眺望は見事で、鬱陶《うっとう》しい夏に法王がごちゃごちゃしたアヴィニヨンを避けてこの涼しい丘に逃げたのもさもありなんと思わせる素晴らしさである。ということは、陽の当たりも風の当たりも良いわけで、私も冬にここで南仏名物の強烈な季節風ミストラルに襲われて震えあがったことがある。

しかし驚かされるのはそんなことではなくて畑である。ソフトボールくらいの石がぎっしりで、しかもその石が赤い。その中から苦悩にねじくれたような葡萄の真っ黒い株がにょきにょき生えている。フランス中、どこへ行っても、これだけの奇観を呈する畑はない。

大昔にローヌ河がどこからか運んできたのだろうが、この赤茶けた大きな丸石（珪岩）が日中に熱を貯え、夜になるとそれを放射し、葡萄の育成に大きな影響を与えるのだそうである。また、ここの基盤地層もヴィラフランカ階の台地で、それも葡萄を実らせる成分と無関係でない。

第二に、使われる葡萄品種の多様性である。いろいろ歴史的事情があって、ここでは多品種の葡萄を混用することが認められている。ＡＣ上このワインに認められている品種はなんと十三種あり、これだけ多種の葡萄を使うことが認められているところはフランスでも他にない。もっとも現実にこれを全部使っている生産者はほんのわずかで、それも伝統維持のための実験的目的で使っているにすぎない。ほとんどのところは、グルナッシュ種が中心で、それにサンソーとシラーが重視されている。それにムールヴェルドが加わる。そのほか造り手の好みで、ミュスカルダン、ヴァカレーズ、クールノワズなどを適宜に少量ずつ使っている。

このことは何を意味するかというと、造り手によって使う品種の比率が違うから、味も違ってくる。極端ないい方をすると、造り手の数だけ違う味のシャトーヌフ・デュ・パープがあってたがいが競い合っていることになる。これは難点ともいえるし、面白さでもある。最近は地区全体のコンセンサスもあって、そうひどい違いはなくなりつつあるが、それでも一本だけを飲んでこれがパープかと思いこんではいけない。

第三に、昔から傑出した由緒正しい名門名家があって、その伝統を誇りにしてきたということである。ボルドーとブルゴーニュを除いて、フランスのワイン生産地区で、いわゆる酒造りの名家と目されるところが、このような狭い地域にここほど固まっているところは他にない。

シャトーヌフ・デュ・パープの名前が知られる前からそのシャトー名が外国にも通っていて、十八世紀にはグラン・クリュ・クラッセの栄冠を得ていたシャトー・ラ・ネルト。こんな立派なと驚かされる古城塞が残っているフィーヌ・ロッシュ。南仏で非常に尊敬されていたシャトー・フォルティアのル・ロワ男爵家。一三三四年まで歴史が遡れるシャトー・モン・ルドン家。その他、シャトー・ボーカステルのペラン家、シャント・シガル他数軒に分かれるサボン家、キュヴェ・デュ・ヴァチカンのディフォンティ家など、酒造りの伝統を誇りにしている名家が少なくない。つまり、シャトーヌフ・デュ・パープは、そんじょそこらの新興成り上がり地区とは毛並みが違うのである。だからその壜も浮彫の刻印が入った特製ものである。

こうした伝統に、さらに誇りを添える歴史がある。フィロキセラでフランス中の葡萄がほぼ全滅した後、シャトー・ラ・ネルトのデュコ大佐は地中海沿岸の種々雑多な古代種について長期にわたる実に詳細な研究を重ね、その結果が現在使われている品種の選択と組み合わせとなったのである。そして、一九二三年に至り、この地区のワイン生産者が集結して六カ条の宣言書をつくりあげた。

第一次大戦時の戦闘機乗りであり、当時弁護士でもあったシャトー・フォルティアの領主ル・ロワ男爵をリーダーとするこのグループが取り組んだ運動は、ワインの出生を明確にし、その品質を維持し、不正な取引(他地方ものや安酒の混合)の防止を目的とするものであった。やがてその努力が実り、この宣言は十三年後には原産地名規制表示法《アペラシオン・ド・オリジン・コントローレ》となって誕生する。つまりフランスが世界に誇るＡＣ法は、シャトーヌフ・デュ・パープが生みの親なのである。

パープ対ジゴンダス

このような背景を持つシャトーヌフ・デュ・パープは、全体としてレベルが高く、ごまかしものやひどいものがない。その意味で安心して飲める頼りがいのあるワインである。ただ、そのことは、すべてのパープが同じような品質であることを意味しない。

耕作総面積が三二〇〇ヘクタールあるなかで、酒造りにかかわる農家が約三百二十戸、自分の名前でワインを出す醸造元が八十軒以上もひしめいていて、それにここの名をねらった大手ネゴシャンものが加わる。まず、これはといえるところだけでも、二十を超える。ロバート・パーカー氏も傑出《アウトスタンディング》を二十二、秀逸《エキセレント》を四十六ほどあげているくらいである。

地区きっての論客ポール・アヴリルの造るクロ・デ・パープとか、名手サボン家のクロ・デュ・モン・オリヴェ、新進気鋭のブリュニ兄弟のデュ・ヴィユー・テレグラフを始め、錚々たる酒造り家たちが腕を磨き競い合っている。

しかし、あらゆる点を勘案して、代表選手、名ライバルを選び出すとなると、大きなところではシャトー・ド・ボーカステル（またはシャトー・ラ・ネルト）、小さなところではシャトー・レイヤスになるだろう。

シャトー・ド・ボーカステルは大手（所有畑八〇ヘクタール、別に四五ヘクタール）だが、家族経営。フランソワとピエールの兄弟が、酒造りと販売を分けあって分担している。化学肥料をいっさい使わない有機農法のパイオニアであり、仕込み直前に瞬間加熱をして硫黄の使用を抑えるという特殊な醸造法も開発している。ワインは、パープとして出色の優美さと洗練さをそなえた優品である。

レイヤスのほうは、持ち畑はわずか一三ヘクタール（別に一二ヘクタール）。先代のルイが相当の変人・奇人だったが、それを継いだジャックも、親ゆずりの頑固爺さん。ワインもパープとしては型破りで、使う葡萄はグルナッシュ九八％。ヘクタール当たりの生産を一五ヘクトリットルに抑えていて、古樽で三年間も寝かせる。教祖的存在だったから絶賛・崇拝する者は多いが、けなす人もいる。地元でいろいろな人に尋ねてみると、フランスのことだから当たり前だろうが、肩をすくめる人、眉をひそめる人がけっこういた。

あるとき、ボーカステルのピエール氏に、絶対他言はしないからと念をおして、レイヤスをどう思うかと尋ねた。フランスのことだからたぶん批判的な見解を聞けるだろうと期待したのだが、答えはひと言。「尊敬しています！」。やっぱり、名手は好敵手《ライバル》をひそかに尊敬しているのだ。なお、ジャック爺さんは一九九七年に急死してしまったから、それ以前の壜を見つけたら見逃してはいけない。

南仏ワインの重鎮、シャトーヌフ・デュ・パープの地位をおびやかすワインなど生まれるはずはないと誰もが考えていたのだが、最近驚くべきライバルが現われた。それがジゴンダスである。

オランジュから東に広がるコート・デュ・ローヌのヴィラージュ地区は、平野の葡萄畑だが、平野東のはずれから次第に丘陵地帯になり、奥にはヴァントゥ山がひかえている。その平野の縁にあたるところに、突然奇妙な丘というか山がそそり立っている。ダンテル・モンミライユと呼ばれる丘は、頂上はまっ白な岩で、それが鋸の歯のようにぎざぎざになっている、その山麓の村がジゴンダスである。

ついでにいうと、その北隣りのサブレ、セギュレの古い村は時間を忘れたようにひっそりとして実に可愛らしく美しい。南隣りのヴァケラスはジゴンダスに追いつこうと一生懸命。そのさらに南隣りのボーム・ド・ヴニーズは、最近人気が高い白のアペリチフ・ワインを出す。

ジゴンダスは、『博物誌』を書いたローマのプリニウスがここの葡萄畑のことを書いているほどだが、複雑な土質構成と強い日射を浴びる南西向きの斜面が優れたワインを生むことは昔から知られていた。フィロキセラ禍のときに全滅し、いったんはオリーブ畑にされてしまったが、第二次大戦後そのオリーブが霜害にやられてから再び葡萄に切り替えた。畑の潜在能力と、昔とった杵柄が生きたのか、次第にワインの名声が高まってきた。

グルナッシュ・ベースに、シラーとムールヴェルドの比率を高めるようになってめきめき酒質を向上させた。黒い桜んぼやカシス、それにスパイスを含んだような感じを持つ香りは、とてもかぐわしい。噛める感じがするくらい肉付きがよく、豊潤《フルボディ》でかつ力強い。アルコール度が十四度から十四度半くらいで、一般のワインに比べるとはるかに高い。いささか土くささや野性味を帯びるのが特徴でもあり欠点でもあったが、最近では二十軒ほどある優れた造り手が近隣同士たがいに切磋琢磨して、二、三十年前のものに比べると、はるかに洗練されたものになってきている。

ジゴンダスを飲んで裏切られたことは少なく、驚かされるほうが多い。いわば南仏の秘酒がヴェールをぬいで現われたかのようである。ワインの楽しさという点では、間違いなくシャトーヌフ・デュ・パープの好ライバルになった。ただ、いかんせん畑が狭く、現在増えたといっても、一二五〇ヘクタールくらいだから、生産量では三二〇〇ヘクタールもあるシャトーヌフ・デュ・パープにとても太刀打ちできない。

他人には飲ませられない

一九六九年に初めてシャトーヌフ・デュ・パープへ行ったとき訪問したのはモン・ルドンだった。九月の収穫期で、暑い最中に搾り滓に蠅がうようよたかっていたり、そばに硫黄の袋があったり、あまり良い印象を受けなかった。樽から利き酒させてもらったワインも荒々しかった。同社の名誉のためにつけ加えると、これは経験の浅かった私の誤解で、今では同社の醸造所は立派になったし、そのワインは嫌いではない。

それから二十年もたって、このところ何回となく現地へ行き、腰をすえてシャトーヌフ・デュ・パープを飲むようになって、やっとこのワインがわかってきた。醸造所による違いが大きく、ピンからキリまであることがわかったのである。本当の傑作を飲もうとしたら造り手を選ばなければならない。それと少なくとも四、五年、できれば八〜十年寝かさないと逸品ほどその素晴らしさを発揮してくれない。

今のところ、いつも感心するのは、名門ボーカステルとネルトで、ダークホース級のヴィユー・テレグラフも好きなひとつだ。またよく知られていないクロ・デュ・モン・オリヴェがあまりにも素晴らしいのを発見して有頂天になったことがある。

パープの小さな町は、まともな食事をさせてくれる店が何軒もなくて、昼時に困るところである。何回目かに行ったときに、そのうちの一軒でお昼をいただいたのはボールナール家の御招待だった。経営者兄弟が陽気なら、ワインまでそうで、豚足の腸巻き《ピエ・エ・パケ・メゾン》と飲んだ白は、食卓の引立て役をつとめていた。メインは仔羊のヒレ肉の焼物《コトレット・ダニョー・グリエ》で、これと飲んだ赤はパープの良さをフルに発揮した楽しいワインだった。チーズのときの特醸のキュヴェ・ボワルナールは豊潤かつしたたかで、パープの底力をみせていた。

レイヤスを知ったのは、パーカー氏の本を読んでのことだったが、偏屈だというので、おそるおそる訪れてみた。会ってみるとジャック爺さんはそんなことはなくて御機嫌だったし、いろいろ酒造りの苦労や秘訣を喋ってくれた。そこで飲んだかぎりでは、グルナッシュ九八%というパープは驚くようなものでなくて、むしろコート・デュ・ローヌ・ヴィラージュものに酒造りの腕を見たように思った。その前後、何回かレイヤスのパープを飲んだが、なぜこのワインをそう騒ぐのだろうと思った。

ところがである。一九九七年にジャック爺さんが急死したというニュースをいちはやくキャッチして、もう飲めなくなると思ってあわてて二、三ケース買った。つい最近であるが、僕がレイヤスを持っていると聞きこんだ友人がどうしても飲ませろというので、渋々一本を抜いてみた。その素晴らしさに、友人よりも僕のほうが驚いた。グラスの中で美しく輝き、香りは花束に顔を突っこんだようで、味わいは澄みきった世界というか、純化されたワインというか、珠玉のような赤ワインで、飲み手を圧倒する気迫があった。やはり爺さんが天才だというのは嘘ではないと思ったし、残りのワインは他人に飲ませないでそっと取っておいてみようと決心したのである。

ジゴンダスには、ロティと同じような忘れられない想い出が結びついている。

ゴッホの病院、ノストラダムス、ドーデの風車小屋というような観光用の謳い文句につられて一九七一年、プロヴァンスの西部をまわり、ボーの奇岩城の景色を楽しんだ。そして食事は「ボーマニエル」だった。当時プロヴァンスきっての名店といわれ、世界の美食家たちがマルセイユからはるばる車を飛ばした時代だった。まだアメリカの観光客に荒らされていなかった。

少し早く着きすぎたので、ソムリエに頼んで地下蔵《カーヴ》を見せてもらったりした。一八七七年のムートン、一九〇九年のラフィットなど名酒が棚にいっぱいつまっていた。古いものはラベルがぼろぼろだった。一カ所重い扉の部屋があり、「ここは悪魔の部屋だ」と冗談をいう愉快な人だった（ウイスキーがしまってあった）。ここでも食卓へ着き、ワインを選ぶ段になってリストにずらりと並んだボルドーやブルゴーニュの名酒に迷っていた。そのとき、ここへ来たらこれを飲まなくてはと出してくれたのがジゴンダスだったのである。

食べたのは、魚はひめじの焼物《ルージェ・オーバジリック》で、肉は鴨のオレンジ煮《カナール・ア・ロランジュ》。その味は名声を裏切らないものだったが、ジゴンダスの六九年はそれに負けなかった。少なくとも、そのときまで飲んだ南仏の赤ワインの中で最高だった。決して優美といえるワインでなく、少し荒さと頑強さを残していたが、いわばリッチなワインの典型だった。

以来、僕にとってジゴンダスは特別のものになり、現地へも行くようになった。ここのタントル・モンミライユは奇観で、妙義山のような鋸状の峯々が葡萄畑の背景にそびえている。ジゴンダス・ワインの守護神なのだろうと、今でも信じている。

この本で取り上げたフランスの主なワインの産地略図

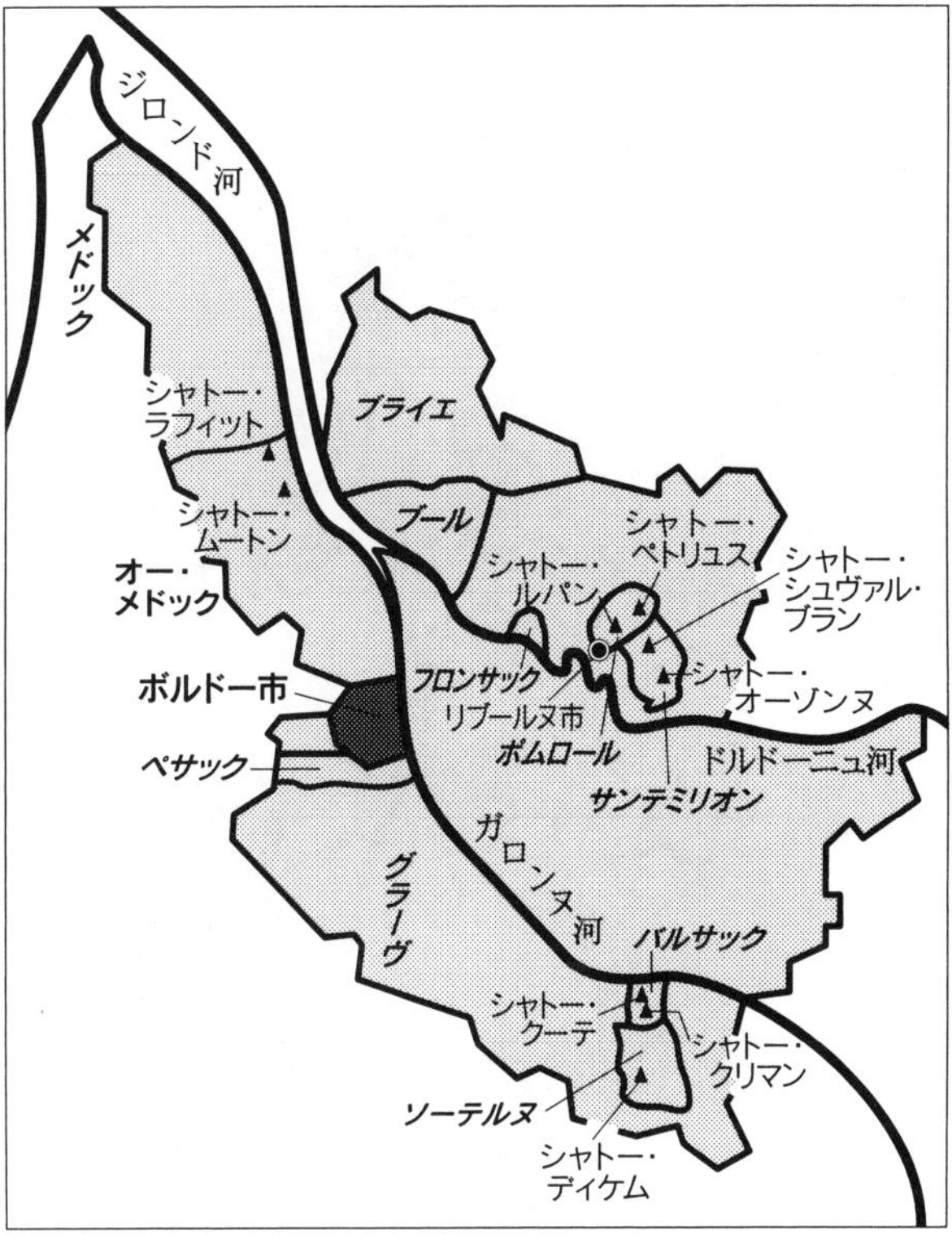

ボルドー地方略図とシャトーの位置
(▲)

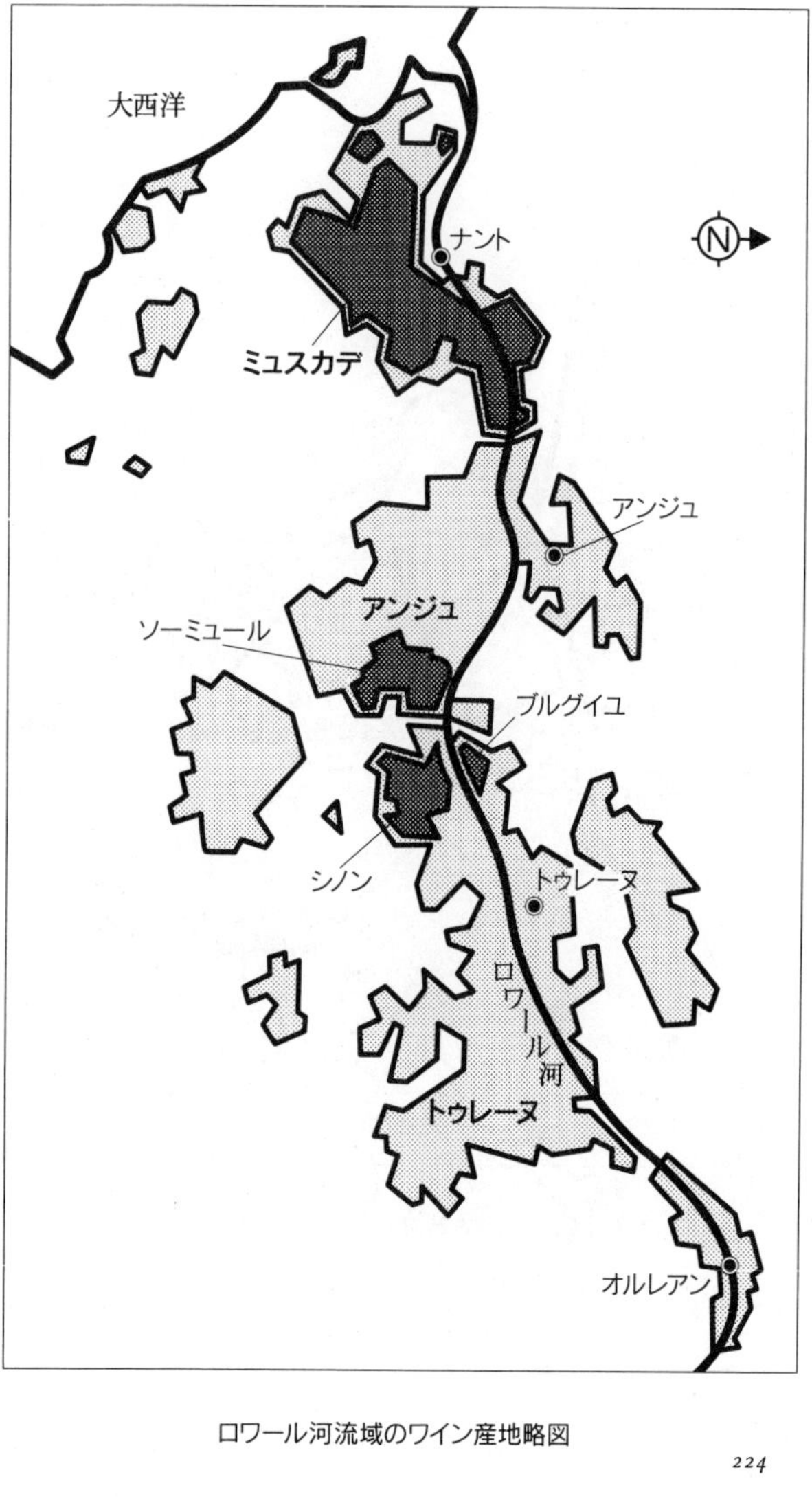

ロワール河流域のワイン産地略図

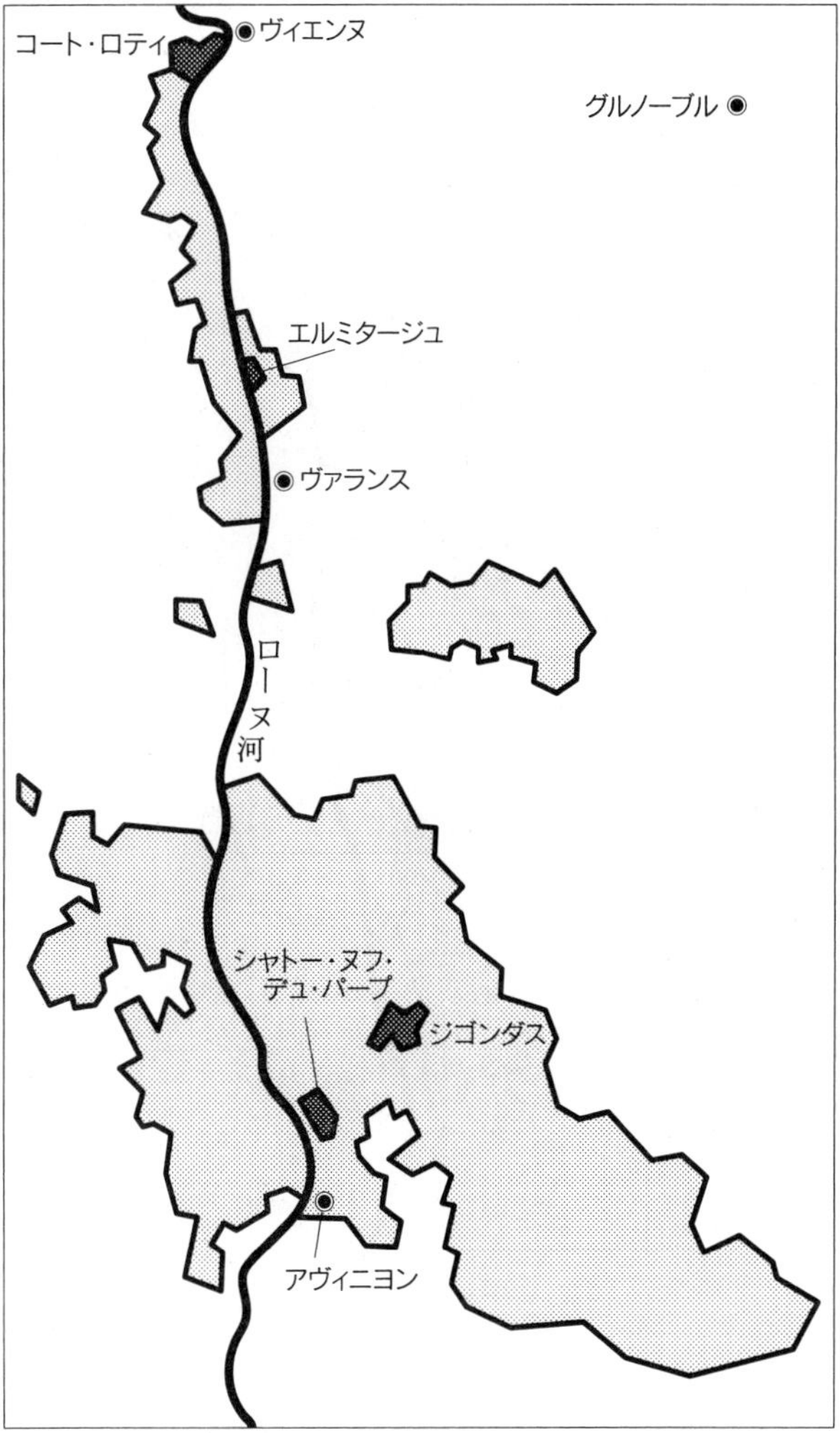

ローヌ河流域のワイン産地略図

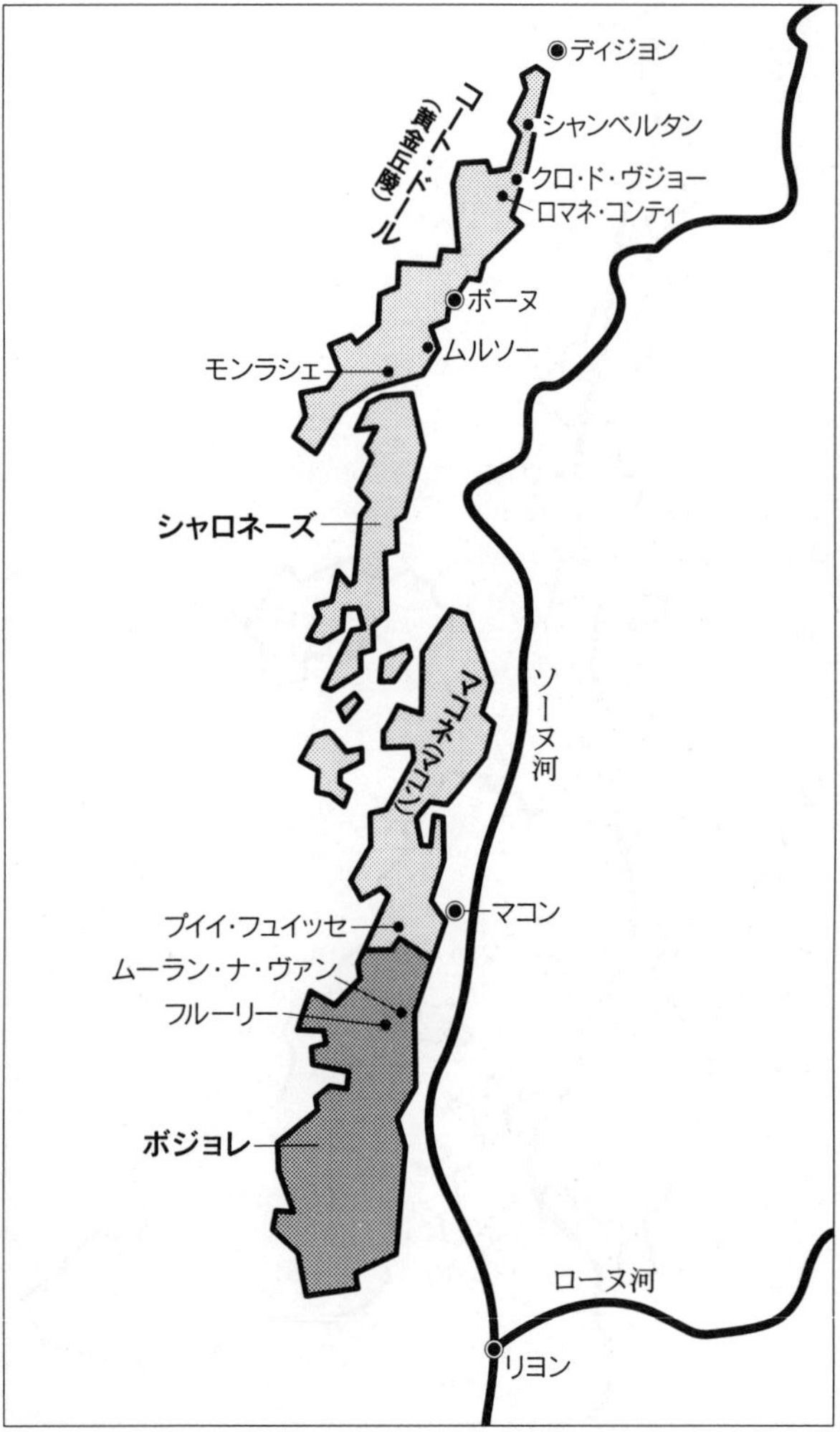

ブルゴーニュとボジョレ地方略図

地図・鈴木健彦

レス（受賞者名簿というような意味で，要するに格付け表）を公表した．

次のような三ランクの格付けである．

Crus Grands Bourgeois Exceptionnels《クリュ・グラン・ブルジョワ・エクセプショエル》　18
Crus Grands Bourgeois《クリュ・グラン・ブルジョワ》　41
Crus Bourgeois《クリュ・ブルジョワ》　68

その後加盟者も増えたり，古い格付けを名乗る者がいたり，この組合に入るのをいさぎよしとしない誇り高いシャトーもいくつかある．しかし，総体的にこのブルジョワの格付けは，実力に見合っている．有名な1855年の格付けに入っていなくても，このブルジョワものは，なかなかの品質だし，値段も比較的安い．まず安心しておすすめできるボルドーワインで，早く飲めるように造っているところが多いので飲み手としては大助かりである（クリュ・クラッセものは，だいたい10年以上寝かさないとおいしくならないものが多いが，これは5,6年で飲める）．

●メドック地区のブルジョワの格付け

メドック地区では，早くからシャトーを名乗る葡萄園が数多くあった．1855年の格付けが行われた後，格付けからもれたものの，誇りと自信を失わない小シャトーがあり，1930年代に入って，この手のシャトーが400ほど結集して，自分たちで格付け制度をつくった．貴族的なシャトーに対抗して，ブルジョワと名乗った．中世では貴族以外は土地を持てないのが建前だったが，ボルドー市では裕福な商人たちが帯剣と土地所有の特権を持てた故事にちなんだのである．このブルジョワの格付けは三ランクに分けたものだった（ブルジョワ・シュペリュール・エクゼプショネル，ブルジョワ・シュペリュール，ブルジョワ）．

せっかく，格付けはつくったものの，世界大不況や第一次，第二次大戦の経済的疲弊のあおりをくってワイン産業は低迷し，あまり役に立たなかった．第二次大戦後，ヨーロッパ経済の立ち直りの中で，メドックのワイン産業も息を吹きかえし，活気が出てきた．そうした中でブルジョワの格付けの気運が起きて，1966年に復活した．

これは110ほどのシャトーが組合を結成し，自己規制による格付けを名乗り上げたもので，いわば私的団体のものだった．政府も冷たくして当初は認めなかったし（後に公認した），ECから横槍（混乱をきたすからラベルの表示には「クリュ・ブルジョワ」しか認めないという）が入ったりした．それにもめげず，組合は1977年に再整理したパレマ

トーで，赤白両方が格付けされているところもあるし，赤か白だけのものもある．この格付けの特色は，単に「格付け」という枠組みの中に入れただけで，メドックのように格付けの中での等級分けはしていない．手直しの行われていない点は，メドックと変わらない．格付け後，シャトーの実力の変動はあるが，大筋の評価は格付けと変わらない．ただ，ラ・ルーヴィエール La Louviere のように格付けに入れないのは不当であるとみなされているところはある．

4. グラーブ 1959 年の格付け（CH.《シャトー》 HAUT《オー》–BRION《ブリオン》 は 1855 年にメドックで格付け）

Graves Rouges（赤）

CH.《シャトー》 *HAUT*《オー》*–BRION*《ブリオン》 (*Pessac*《ペサック》)

CH. LA《ラ》*–MISSION*《ミッション》*–HAUT*《オー》*–BRION*《ブリオン》 (*Telanc*《タランス》)

CH. HAUT《オー》*–BAILLY*《バイィ》 (*Leognan*《レオニヤン》)

DOMAINE《ドメイヌ》 *DE*《ド》 *CHEVALIER*《シュバリエ》 (*Leognan*《レオニヤン》)

CH. CARBONNIEUX《カルボニュー》 (*Leognan*《レオニヤン》)

CH. MALARTIC《マラルティック》*–LAGRAVIERE*《ラグラヴィエール》 (*Leognan*《レオニヤン》)

CH. LATOUR《ラトゥール》*–HAUT*《オー》*–BRION*《ブリオン》 (*Telanc*《タランス》)

CH. SMITH《スミス》*–HAUT*《オー》*–LAFITE*《ラフィット》 (*Martillac*《マルティヤック》)

CH. LATOUR《ラトゥール》*–MARTILLAC*《マルティヤック》 (*Martillac*《マルティヤック》)

CH. OLIVIER《オリヴィエ》 (*Leognan*《レオニヤン》)

CH. BOUSCÁUT《ブスコー》 (*Cadaujac*《カドヤック》)

CH. FIEUZAL《フューザル》 (*Leognan*《レオニヤン》)

CH. PAPE《パプ》*–CLEMENT*《クレマン》 (*Pessac*《ペサック》)

Graves Blancs（白）

CH. HAUT《オー》*–BRION*《ブリオン》 (*Pessac*《ペサック》)

CH. CARBONNIEUX《カルボニュー》 (*Leognan*《レオニヤン》)

CH. DOMAINE《ドメイヌ》 *DE*《ド》 *CHEVALIER*《シュバリエ》 (*Leognan*《レオニヤン》)

CH. MALARTIC《マラルティック》*–LAGRAVIERE*《ラグラヴィエール》 (*Leognan*《レオニヤン》)

CH. COUHINS《クーアン》 (*Villenave*《ヴィルナーブ》*–d'Ornon*《ドルノン》)

CH. OLIVER《オリヴィエ》 (*Leognan*《レオニヤン》)

CH. LATOUR《ラトゥール》*–MARTILLAC*《マルティヤック》 (*Martillac*《マルティヤック》)

CH. LAVILLE《ラヴィル》*–HAUT*《オー》*–BRION*《ブリオン》 (*Talence*《タランス》)

CH. BOUSCÁUT《ブスコー》 (*Cadaujac*《カドジャック》)

CH. LA CLOTTE《ラ クロット》

CH. LA CLUSIÈRE《ラ クルジエール》

CH. LA COUSPAUDE《ラ クースポード》

CH. LA DOMINIQUE《ラドミニク》

CH. LAMARZELLE《ラマルゼル》

CH. LANIOTE《ラニヨ》

CH. LARCIS DUCASSE《ラルシ・デュカッス》

CH. LARMANDE《ラルマンド》

CH. LAROQUE《ラロック》

CH. LAROZE《ラローズ》

CH. MATRAS《マトラス》

CH. MOULIN DU CADET《ムーラン デュ カデ》

CH. PAVIE DECESSE《パヴィ デセス》

CH. PAVIE MACQUIN《パヴィ マカン》

CH. PETIT FAURIE DE《プティ フォリー ドゥ》
SOUTARD《スータール》

CH. LE PRIEURE《ル プリエール》

CH. RIPEAU《リポー》

CH. SAINT-GEORRGES《サン ジョルジュ》
COTE PAVIE《コート パヴィ》

CH. LA SERRE《ラ・セル》

CH. SOUTARAD《スータール》

CH. LA TOUR DU PIN《ラ トゥール デュ パン》
FIGEAC《フイジャック》
(GIRAUD-BELIVIER)《ギロー・ベリヴィエール》

CH. LA TOUR DU PIN《ラ・トゥール・デュ・パン》
FIGEAC《フイジャック》 *(J. M. MOUEIX)*《ジ・エム・ムエックス》

CH. LA TOUR FIGEAC《ラ トゥール フイジャック》

CH. TERTRE DAUGAY《テルトルド ゲ》

CH. TROPLONG-MONDOT《トロロン モンド》

CH. VILLEMAURINE《ヴィルモリーヌ》

CH. YON FIGEAC《ヨン フイジャック》

CLOS DES JACOBINS《クロ デ ジャコバン》

CLOS DE L'ORATOIRE《クロ デ ロラトワール》

CLOS SAINT-MARTIN《クロ サン マルタン》

COUVENT DES JACOBINS《クヴァン デ ジャコバン》

グラーヴの格付け

グラーヴは，歴史的にはメドックより古いのだが，1855年当時はメドックより一段低く見られていた（唯一の例外が，シャトー・オーブリオンで，これだけはダントツの存在だったため，グラーヴにありながら，メドックの格付けに組み入れられた）．格付け制度の必要を考えたこの地区も1959年に独自に格付けを制定した．

グラーヴ地区はメドックとちがって辛口白ワインも出しているので，紅白両方の格付けをした．そのため同一シャ

ほぼ実力に見合っているといってよい．しかし最近，この格付けに激震ともいうべき事態が起きている．ヴァランドロー Valandraud とテルトル・ロットブフ Tertre—Rôte-boeuf という 2 シャトーが彗星の如く出現して高値を呼んでいる．

3. サンテミリオン 1996 年の格付け

Premiers Grands Crus Classes（特別 1 級）

(*A*)

CH. AUSONE《シャトーオーゾンヌ》

CH. CHEVAL《シュヴァル》 *BLANC*《ブラン》

(*B*)

CH. L'ANGELUS《ランジュリュス》

CH. BEAU《ボー》*-SEJOUR*《セジュール》 *BECOT*《ベコ》

CH. BEAUSEJOUR《ボーセジュール》
(*DUFFAU*《デュフォー》*-LAGARROSSE*《ラガロッス》)

CH. BELAIR《ベレール》

CH. CANON《カノン》

CH. FIGEAC《フイジャック》

CH. LA《ラ》 *GAFFELIERE*《ガフェリエール》

CH. MAGDELAINE《マグドレーヌ》

CH. PAVIE《パヴィ》

CH. TROTTEVIEILLE《トロットヴィエイユ》

CH. CLOS FOURTET《クロ・フルテ》

Grands Crus Classes（特級）

CH. L'ARROSEE《ラロース》

CH. BALESTARD《バレスタール》 *LA*《ラ》
TONNELLE《トネル》

CH. BELLEVUE《ベルヴュ》

CH. BERGAT《ベルガ》

CH. BERLIQUET《ベルリケ》

CH. CADET《カデ》 *BON*《ボン》

CH. CADET《カデ》*-PIOLA*《ピオラ》

CH. CANON《カノン》 *LA*《ラ》 *GAFFELIÈRE*《ガフリエール》

CH. CAP《カプ》 *DE*《ド》 *MOURLIN*《ムルラン》

CH. CHAUVIN《ショーヴァン》

CH. CORBIN《コルバン》

CH. CORBIN《コルバン》*-MICHOTTE*《ミショット》

CH. CURÉ《キュレ》 *BON*《ボン》

CH. DASSAULT《ダソール》

CH. FAURIE DE SOUCHARD《フォリー・ド・スーシャール》

CH. FONPLEGARDE《フォンプレガルド》

CH. FONROQUE《フォンロック》

CH. FRANC《フラン》 *MAYNE*《メイヌ》

CH. GRAND《グラン》 *MAYNE*《メイヌ》

CH. GRAND《グラン》 *PONTET*《ポンテ》

CH. GRANDES《グラン》 *MURAILLES*《ミュライユ》

CH. GUADET《グワデ》 *SAINT*《サン》*-JULIEN*《ジュリアン》

CH. HAUT《オー》 *CORBIN*《コルバン》

CH. HAUT《オー》 *SARPE*《サルプ》

リュ Grand Cru とだけ名乗っているものは，その令名に値しないと思ってよい（もちろん例外はある）．

b. 正式に格付けされた別格ものと見てよいのは，Grand Crus の後にクラッセ classés をつけている．このクラッセをつけたものを，二つに等級別した．そして優れたものは，プルミエ premiers を前につけた．それだけでは足りなくて，プルミエの中を A と B に分けた．オーゾンヌとシュヴァル・ブランの二つがあまりにも優れていて，他のものと一緒にしてはおかしいので，一級の A にしたわけである．これを要約すると次の三等級になる（等級の中での序列はない）．

Premiers《プルミエ》 *Grands*《グラン》 *Crus*《クリュ》 *ClasséA*《クラッセ》（特別 1 級・A）
Premiers《プルミエ》 Grands《グラン》 Crus《クリュ》 ClassésB《クラッセ》（特別 1 級・B）
Grands《グラン》 Cru《クリュ》 Classés《クラッセ》（特級）

c. この格付けの特色は 10 年ごとに実績に応じて見直しをする建前になっている点である．しかし，見直しといっても容易ではなく，10 年ごとにできなかったり，格下げされた評価に不満で訴訟沙汰が起きたりした．最近の見直しは 1996 年に行われた．単なるグラン・クリュ・クラッセからプルミエ B に昇格したのが二つ，グラン・クリュ・クラッセに返り咲いたのが三つ，逆にすべり落ちてしまったのが 9 つある（後記は現在のもの）．

サンテミリオンの格付けは，見直しをするだけあって，

CH. LAFAURIE《ラフォーリ》-PEYRAGUEY《ペラゲ》 (Bommes《ボム》)

CH. CLOS《クロ》 HAUT《オー》-PEYRAGUEY《ペラゲ》 (Bommes《ボム》)

CH. DE《ド》 RAYNE《レイヌ》 VIGNEAU《ヴィニョー》 (Bommes《ボム》)

CH. DE《ド》 SUDUIRAUT《スデュイロー》 (Preignac《プレニャック》)

CH. COUTET《クーテ》 (Barsac《バルサック》)

CH. CLIMENS《クリマン》 (Barsac《バルサック》)

CH. GUIRAUD《ギロー》 (Sauternes《ソーテルヌ》)

CH. RIEUSSEC《リューセック》 (Fargues《ファルグ》)

CH. RABAUD《ラボー》-PROMIS《プロミス》 (Bommes《ボム》)

CH. SIGALAS《シガラ》-RABAUD《ラボー》 (Bommes《ボム》)

Deuxiemes Crus　第2級

CH. MYRAT《ミラ》 (Barsac《バルサック》)

CH. DOISY《ドワジー》-DUBROCA《デュブロカ》 (Barsac《バルサック》)

CH. DOISY《ドワジー》-DAENE《デーヌ》 (Barsac《バルサック》)

CH. DOISY《ドワジー》-VEDRINES《ヴェドリーヌ》 (Barsac《バルサック》)

CH. D'ARCHE《ダルシュ》 (Sauternes《ソーテルヌ》)

CH. FILHOT《フィロー》 (Sauternes《ソーテルヌ》)

CH. BROUSTET《ブルーステ》 (Barsac《バルサック》)

CH. NAIRAC《ネラック》 (Barsac《バルサック》)

CH. CAILLOU《カイユー》 (Barsac《バルサック》)

CH. SUAU《シュオー》 (Barsac《バルサック》)

CH. DE《ド》 MALLE《マル》 (Preignac《プレニャック》)

CH. ROMER《ロメール》-DU-HAYOT《デュ・アイヨ》 (Fargues《ファルグ》)

CH. LAMOTHE《ラモット》-DESPUJOLS《デスプジョル》 (Sauternes《ソーテルヌ》)

CH. LAMOTHE《ラモット》-GUIGNARD《ギニヤール》 (Sauternes《ソーテルヌ》)

サンテミリオンの格付け

メドックの格付けの栄光がうらやましく，1855年から100年たった1955年にこの地区でも格付けを制定した．いろいろな歴史的事情や，ECとフランス政府の横槍が入ったりした結果，サンテミリオンの格付けはややこしくなっている．整理して簡単にいうと，次のようになる．

a. サンテミリオンでは，グラン・クリュを名乗っているシャトーが500くらいある．ラベルに単にグラン・ク

CH. DUHART-MILON《デュアール ミロン》 *(Pauillac)*《ポーイヤック》

CH. POUGET《プージェ》 *(Cantenac)*《カントナック》

CH. LA TOUR-CARNET《ラ トゥール カルネ》 *(Saint-Julien)*《サン・ジュリアン》

CH. LAFON-ROCHET《ラフォン ロッシェ》 *(Saint-Estephe)*《サン・テステーフ》

CH. BEYCHEVELLE《ベイシュヴェル》 *(Saint-Julien)*《サン・ジュリアン》

CH. PRIEURÉ-LICHINE《プリュレ リシーヌ》 *(Cantenac)*《カントナック》

CH. MAROUIS-DE-TERME《マルキ ド テルム》 *(Margaux)*《マルゴー》

CH. LYNCH-BAGES《ランシュ バージュ》 *(Pauillac)*《ポーイヤック》

CH. LYNCH-MOUSSAS《ランシュ ムーサ》 *(Pauillac)*《ポーイヤック》

CH. DAUZAC《ドーザック》 *(Labarde)*《ラバルド》

CH. D'ARMAILLAC《ダルマイヤック》
〔旧名 *CH. MOUTON*《ムートン》
BARONNE PHILIPPE《バロンヌ フィリップ》〕 *(Pauillac)*《ポーイヤック》

CH. DU TERTRE《デュ テルトル》 *(Arsac)*《アルザック》

CH. HAUT-BAGES-LIBERAL《オー バージェ リベラル》 *(Pauillac)*《ポーイヤック》

CH. PÉDESCLAUX《ペデスクロー》 *(Pauillac)*《ポーイヤック》

CH. BELGRAVE《ベルグラーヴ》 *(Saint-Laurent)*《サン・ローラン》

CH. CAMENSAC《カマンサック》 *(Saint-Laurent)*《サン・ローラン》

CH. COS-LABORY《コス ラボリー》 *(Saint-Estephe)*《サン・テステーフ》

CH. CLERC-MILON《クレール ミロン》 *(Pauillac)*《ポーイヤック》

CH. CROIZET-BAGES《クロワゼ バージュ》 *(Pauillac)*《ポーイヤック》

CH. CANTEMERLE《カントメルル》 *(Macau)*《マコー》

Ciquiemes crus　第5級

CH. PONTET-CANET《ポンテカネ》 *(Pauillac)*《ポーイヤック》

CH. BATAILLEY《バタイエ》 *(Pauillac)*《ポーイヤック》

CH. HAUT-BATAILLEY《オーバタイエ》 *(Pauillac)*《ポーイヤック》

CH. GRAND-PUY-LACOSTE《グラン ピュイ ラコスト》 *(Pauillac)*《ポーイヤック》

CH. GRAND-PUY-DUCASSE《グラン ピュイ デュカス》 *(Pauillac)*《ポーイヤック》

2. ソーテルヌ・バルサック1855年の格付け（白ワイン）

Premier Grand Cru

特別1級

CH. D'YQUEM《シャトーディケム》 *(Sauternes)*《ソーテルヌ》

Premier Crus　第1級

CH. LA TOUR-BLANCHE《ラ トゥール ブランジュ》 *(Bommes)*《ボム》

CH. RAUSAN《ローザン》-GASSIES《ガシイ》 (Margaux《マルゴー》)

CH. LÉOVILLE《レオヴィル》-LAS《ラス》 CASES《カーズ》 (Saint-Julien《サン・ジュリアン》)

CH. LÉOVILLE《レオヴィル》-POYFERRÉ《ポワフェレ》 (Saint-Julien《サン・ジュリアン》)

CH. LÉOVILLE《レオヴィル》-BARTON《バルトン》 (Saint-Julien《サン・ジュリアン》)

CH. DURFORT《デュルフォール》-VIVENS《ヴィヴァン》 (Margaux《マルゴー》)

CH. GRUAUD《グリュオー》-LAROSE《ラローズ》 (Saint-Julien《サン・ジュリアン》)

CH. LASCOMBES《ラスコンブ》 (Margaux《マルゴー》)

CH. BRANE《ブラーヌ》-CHANTENAC《カントナック》 (Chantenac《カントナック》)

CH. PICHON《ピション》-LONGUEVILLE《ロングヴィル》 (Pauillac《ポーイヤック》)

CH. PICHON《ピション》-LONGUEVILLE《ロングヴィル》 COMTESSE《コンテス》 DE《ド》 LALANDE《ドラランド》 (Pauillac《ポーイヤック》)

CH. DUCRU《デュクリュ》-BEAUCAILLOU《ボーカイユー》 (Saint-Julien《サン・ジュリアン》)

CH. COS《コス》-D'ESTOURNEL《デストゥールネル》 (Saint-Estephe《サン・テステーフ》)

CH. MONTROSE《モンローズ》 (Saint-Estephe《サン・テステーフ》)

Troisiemes crus 第3級

CH. KIRWAN《キルワァン》 (Cantenac《カントナック》)

CH. D'ISSAN《ディサン》 (Cantenac《カントナック》)

CH. LAGRANGE《ラグランジュ》 (Saint-Julien《サン・ジュリアン》)

CH. LANGOA《ランゴア》-BARTON《バルトン》 (Saint-Julien《サン・ジュリアン》)

CH. GISCOURS《ジスクール》 (Labarde《ラバルド》)

CH. MALESCOT《マレスコ》 SAINT《サン》-EXUPÉRY《テクジュペリー》 (Margaux《マルゴー》)

CH. BOYD《ボイド》-CANTENAC《カントナック》 (Cantenac《カントナック》)

CH. CANTENAC《カントナック》-BROWN《ブラウン》 (Cantenac《カントナック》)

CH. PALMER《パルメ》 (Cantenac《カントナック》)

CH. LA《ラ》 LAGUNE《ラギューン》 (Ludon《ルドン》)

CH. DESMIRAIL《デミライユ》 (Margaux《マルゴー》)

CH. CALON《カロン》-SEGUR《セギュール》 (Saint-Estephe《サン・テステーフ》)

CH. FERRIÉRE《フェリエール》 (Margaux《マルゴー》)

CH. MARQUIS《マルキ》 D'ALESME《ダレム》-BECKER《ベッカー》 (Margaux《マルゴー》)

Quatriemes crus 第4級

CH. SAINT《サン》-PIERRE《ピエール》 (Saint-Julien《サン・ジュリアン》)

CH. TALBOT《タルボ》 (Saint-Julien《サン・ジュリアン》)

CH. BRANAIRE《ブラネール》-DUCRU《デュクリュ》 (Saint-Julien《サン・ジュリアン》)

市場から姿を消したものもあった．もちろん所有者の交替は多い，というよりほとんどである．現在，市場の実質評価もこの格付けとはかなり違っていて，時代錯誤と酷評される面もある（例えば第五級のランシュ・バージュが市場では第二級なみ，第二級のローザン・カッシーが第四級なみなど）．大筋では依然として格付けの威信と機能を失っていない．

この格付けの特色は，単に第一級から第五級に差をつけただけでなく，その級の中で評価順に並べた点である（アルファベット順ではない）．それと，今日まで修正が行われていない点である．ソーテルヌは，シャトー・イケムがあまりにも他より傑出した存在だったため，別格の特別一級 Premier Grand Crus をつくった．なお，この格付けは，フランス語でクリュ・クラッセ crus classés と呼ばれているが，どうしたことか英語ではグロース growth というおかしな訳語になっている．

1. メドック 1855 年の格付け

（1973 年に Ch.《シャトー》 Mouton《ムートン》 Rothschild《ロートシルト》のみ 1 級に昇格する修正。カッコ内はその村名）

Premiers crus　第 1 級

CH.《シャトー》 *LAFITE*《ラフィット》*-ROTHSCHILD*《ロートシルト》 (*Pauillac*)《ポーイヤック》
CH. LATOUR《ラトゥール》 (*Pauillac*)《ポーイヤック》
CH. MARGAUX《マルゴー》 (*Margaux*)《マルゴー》
CH. MOUTON《ムートン》*-ROTHSCHILD*《ロートシルト》 (*Pauillac*)《ポーイヤック》
CH. HAUT《オー》*-BRION*《ブリオン》 (*Pessac*)《ペサック》

Deuxiemes crus　第 2 級

CH. RAUSAN《ローザン》*-SÉGLA*《セグラ》 (*Margaux*)《マルゴー》

●ボルドーの格付け

メドックとソーテルヌの格付け

これはナポレオン三世が，パリの1855年の万国博覧会の目玉商品としてワインを展示するために考えたもの．もともと，ボルドーでは，業者間での実績をベースとした等級づけが出来ていたが，いわばプライベイト・リストで公的なものではなかった．公的な等級づけというのは，誰がきめて，何を根拠にして行うかという点で大問題を含んでいる．

騒動があった末，結局ボルドー市の商工会議所が，取引価格の実績とシャトーの格式等を考慮してきめた．この時の格付けは，赤はメドックだけ，白は甘口のソーテルヌだけだった．ドルドーニュ河右岸のサンテミリオン（赤）は商売敵だったから無視したし，白ワインといえば当時，貴重なものは甘口だけだったからだ．

当時からこの格付けについて不満は多かった．その後，シャトーの栄枯盛衰もある中で何回となくその手直しが企てられたが，結局手つかずのまま今日に至っている．格付けの見直しはよいとして，自分のところが落ちるのは困るからで，いわば総論賛成・各論反対で，意見が一致したためしはなかった（唯一の例外はムートン・ロートシルト．1973年に第二級から第一級へ昇格）．

100年もの長い歳月の中で，名前が変わったり，一時期

フランスワインの格付け

武士に功労の報奨として領地の替わりに茶道具を与えることを考えついたのは織田信長だが，勲章を利用したのはナポレオン一世だった．ワインの勲章に当たる「格付け」を考えたのはナポレオン三世である．

フランスワインの格付けは，国家的制度であって，このような制度はフランス以外の国にはないし，フランスでもボルドーとブルゴーニュ以外にはない．その意味で，コンクールの受賞とはちがう．フランスには輸出ワインの品質保証制度として発達したAOC（原産地名称規制制度，略してAC）がある．これは，ワインに等級をつける点で「格付け」に似ているが，由来と内容の点でまったく別のものである．

メドックとソーテルヌの格付けは，当初も現在もAC制度とはまったく別のものだが，同じボルドーでも戦後誕生したサンテミリオンの格付けはAC制度と連動するようになっているし，ブルゴーニュの格付けは現在ではそっくりACの中に組み込まれている．ちなみに，メドックの格付けは，「シャトー」つまり造っている「人」に与えられたものだが，ブルゴーニュの格付けは「畑」，正確には区画畑（クリマ）までがその対象となっている．

山本　博（やまもと　ひろし）

1931年、神奈川県横浜市生まれ。弁護士。早稲田大学大学院修了。フランス食品振興会（SOPEXA）主催の世界ソムリエ・コンクールの日本代表審査委員。訳書に、『世界のワイン』（アンドレ・L・シモン）『フランスワイン』（アレクシス・リシーヌ）など多数。著書に『茶の間のワイン』『シャンパン物語』『ワインの女王』などがある。

文春新書

090

フランスワイン　愉《たの》しいライバル物語《ものがたり》

平成12年2月20日　第1刷発行

著　者　　山本　博
発行者　　白川浩司
発行所　株式会社 文藝春秋

〒102-8008　東京都千代田区紀尾井町3-23
電話（03）3265-1211（代表）

印刷所　　理想社
付物印刷　大日本印刷
製本所　　大口製本

定価はカバーに表示してあります。
万一、落丁・乱丁の場合は送料小社負担でお取替え致します。

ISBN4-16-660090-7